DRACOPEDIA
龍族設定百科

WILHELMVS OCONNORI

ARTIFEX NATVRÆ

DRACOPÆDIA

sive

HISTORIA . LEXICON,
SYSTEMA NATVRÆ, ᴱᵀ

DRACONES DE MVNDO

ILLVSTRATO

F&W, IMPACTVM
IONDON, PARIS, ROMA
MMXVIII

DRACOPEDIA
龍族設定百科
·獻給全世界的龍族愛好者·

WILLIAM O'CONNOR
威廉·歐康納

目錄

編輯前言

　　藝術家威廉‧歐康納於2018年初開始撰寫本書，之後不久便驟逝，本出版社全體員工都對此不幸的消息感到震驚與深沉的悲傷。在過去出版的五本精采傑作中，所有員工都與威廉共事愉快，我們將會永遠想念與他共處的時光。

　　我們要在此感謝傑夫‧曼傑斯（Jeff Menges）。他慷慨地提供寶貴的協助，使我們能夠依照威廉的心意完成這本遺作。同時，我們也感謝傑夫邀請威廉的多位同僚與朋友一同為本書做出貢獻。我們也要向傑夫的夫人琳恩（Lynne Menges）致上謝意。在本書的作業過程中，她提供了有力的協助與精準的校閱。

　　我們也向以下諸位藝術家表達謝意，他們無私地為本書提供了精美的畫作：莎曼莎‧歐康納（Samantha O'Connor）、湯姆‧基德（Tom Kidd），史考特‧費雪（Scott Fischer）、多納托‧喬安寇拉（Donato Giancola）、丹‧多斯‧山托斯（Dan dos Santos）、馬克‧普爾（Mark Poole）、大衛‧O‧米勒（David O. Miller）、傑瑞米‧馬克修（Jeremy McHugh）、帕特‧路易斯（Pat Lewis）、克莉絲汀‧米許卡（Christine Myshka）以及里奇‧湯瑪斯（Rich Thomas）。

　　我們向威廉的家人與朋友獻上最誠摯的祝福。威廉透過《幻獸藝術誌》系列叢書構築出了令人難以置信的奇幻世界，他與他筆下極富想像力的美麗創作將永遠銘刻在我們的記憶中。

諾爾‧里維拉
書籍內容管理總監
North Light & IMPACT Books 出版社

條紋蛇龍
鉛筆與數位繪圖
尺寸：14英吋 × 22英吋（36公分 × 56公分）

有翼蛇龍 AMPHIPTERE
（*Draco amphipteridae*）

基本型態

　　有翼蛇龍是十分常見的龍族生物。牠們缺乏四
肢，但是擁有一對皮革質感的翅膀，從僅有15公分
長的花卉蛇龍到長達183公分的大型品種都有。
蛇龍如蝙蝠般的翅膀能讓牠們進行長途的飛行。
但是一般來說，蛇龍並不會像鳥類那樣在高空
翱翔，牠們通常以短程的飛行和滑翔來看守
自己的棲地。蛇龍外表的顏色隨著品種不
同而有多樣的變化。小型動物例如蝙
蝠、鳥類、鼠類和昆蟲都是蛇龍獵
食的對象。

飛行中的蛇龍
在飛行時，有翼蛇龍很少會被目擊者誤認為鳥類。牠們極為容易辨
識的彎曲尾巴也是捕捉獵物時的主要武器。

有翼蛇龍的棲地
濃密的森林是有翼蛇龍的自然棲地，但是有些時候我們也能夠在都市環境中發現牠們的蹤跡。

雞蛇
雞蛇是蛇龍與家禽雜交所孵育出的混種生物。

有翼蛇龍擁有數以百計的不同品種，以及各式各樣的尺寸、顏色和外型。牠們的棲息地遍布全世界，是野生龍族生物中最為常見的種類之一。

除了愛爾蘭之外，地球上所有氣候區都能夠發現有翼蛇龍。如今，人類時常豢養蛇龍作為寵物；在馬來西亞和印度的黑市中，身上有著特殊圖形的罕見美麗品種十分受到歡迎，時常被進口到北美和歐洲。這些非法的交易迫使蛇龍必須在陌生且艱困的生態系統中為生存奮戰。

有翼蛇龍的蛋
尺寸：4英吋（10公分）
蛇龍通常在高聳的樹木上築巢，但是有時候牠們也會佔用其他鳥類的巢穴。

行為模式

有翼蛇龍在大多數的時候都生活在樹木與叢林中。牠們在較高的枝幹上築巢，穿梭飛行在枝葉之間，獵捕昆蟲和小型的囓齒類動物。從這個方面來看，蛇龍算得上是受到農家歡迎的生物。然而，有些蛇龍會誤入其他鳥類的巢穴，尋找自己的龍蛋。混種孵育有時候會發生在人類的雞舍中，這種半蛇龍半雞的混種生物一般被稱為雞蛇（Cockatrice）。雞蛇被認為是兇殘的怪物，牠可怕的外表造就了能以視線殺人的傳說。因此許多人誤以為牠們與擁有相同能力的巴西里斯克蛇妖（Basilisk）是近親關係。

歷史

在過去的歷史中，有翼蛇龍有著毀譽參半的名聲與命運，可說是最被人類所誤解的龍族生物之一。如今，牠們因為主要以害蟲為食的習性，而成為了城市中受歡迎的龍類。許多有翼蛇龍在紐約市的高樓上築巢，城市中數量龐大的老鼠和鴿子成為蛇龍無盡的食物來源，這也同時遏止了有害動物在城市中所傳播的疾病。

蛇龍在樹上的型態
有翼蛇龍修長的身體能夠纏繞在樹枝上，牠們會在樹上伺機捕捉那些沒有警覺心的獵物。

燕尾蛇龍
SWALLOWTAIL AMPHIPTERE

　　燕尾蛇龍在都市區域十分常見，牠們最容易辨識的特徵就是分岔的尾巴。對人類來說，牠們可說是亦友亦敵；在捕食對人類有害的嚙齒動物之餘，燕尾蛇龍偶爾也會攫走小型的家畜。

品種資料
Amphiterus viperacaudiduplexu

翼展：6英呎（2公尺）
分布區域：全球的溫帶氣候區
特徵：分岔的尾巴、粗黑的條紋、突出的鼻上尖角
棲息地：都市、廣大的平原
食性：昆蟲、小型哺乳類與爬蟲類動物
其他俗名：原野惡棍、飛毛腿
保護狀況：無危

火翼蛇龍
FIREWING AMPHIPTERE

　　火翼蛇龍的尾巴上有一個極具特色的尾鰭式小翼，這個構造賦予牠們強大的靈活性，讓牠們在狹小密度高的空間中比其他的龍族生物更具優勢。火翼蛇龍行動迅速，生性害羞。

品種資料
Amphiterus viperapennignus

翼展：5英呎（1.5公尺）
分布區域：印度與東南亞
特徵：明亮鮮豔的長型頭冠、湯匙形狀的尾巴
棲息地：濃密的叢林
食性：食腐動物，雜食性
其他俗名：火焰龍
保護狀況：易危

蛾翼蛇龍
MOTHWING
AMPHIPTERE

蛾翼蛇龍在靜止時翅膀
依舊展開，不會收起。這
個類似飛蛾的習性也是此
種龍族生物的名稱由來。
牠們喜歡接受陽光的照射
與熱能，這也發展成了蛾
翼蛇龍另一個具辨識性的
特色。

品種資料
Amphiterus viperablattus

翼展：1英呎（30公分）
分布區域：北亞與北歐
特徵：極少收起、靜止時展開的
雙翼
棲息地：灌木叢、稀疏的樹林
食性：昆蟲、小型齧齒類動物、
魚類
其他俗名：紅鞭子、搖曳者
保護狀況：近危

花卉蛇龍
GARDEN
AMPHIPTERE

花卉蛇龍是有翼蛇龍中
最常見的品種之一。牠們
分布在世界各地，幾乎在
任何氣候區都能夠生存繁
衍。花卉蛇龍身上的圖形
和翅膀型態變化多端，在
郊區和農地都能夠看到牠
們的蹤跡。

品種資料
Amphiterus viperahortus

翼展：1英呎（30公分）
分布區域：除了極北區域外的世
界各地
特徵：鋸齒狀的尾鰭、鳥喙般的
嘴部
棲息地：任何林地
食性：昆蟲、小型齧齒類動物是
這種嬌小龍類常見的獵物
其他俗名：染塵的玫瑰、鋸齒翼
龍
保護狀況：無危

火神蛇龍
VULCAN
AMPHIPTERE

　　火神蛇龍偏好在地勢較高、以岩石為主的環境築巢。這種蛇龍首次在義大利西西里島的伊特納山山坡上被發現。這也是牠羅馬名字「火神」（Vulcan）的由來。雖然人們時常在火山附近發現牠們的蹤跡，事實上吸引火神蛇龍的並不是火山活動，而是荒涼的岩石地形。

品種資料
Amphiterus viperavulcanus

翼展：8英呎（2.5公尺）
分布區域：非洲與地中海西岸
特徵：深紅色的外觀、拱形的大型翅膀
棲息地：高海拔地帶、岩石地與林地
食性：哺乳類動物、爬蟲類動物、鳥類
其他俗名：紅月、血天使
保護狀況：瀕危

星芒蛇龍
STARBURST
AMPHIPTERE

　　星芒蛇龍是生活在海岸邊的腐食性龍類。牠們運用狹長的口鼻在沙灘上挖掘甲殼類生物為食，但是偶爾也會捕食魚類，這有時會對漁夫帶來一些困擾。星芒蛇龍鼻子上向前突出的小型尖角能夠敲破蛋殼或者撬開貝殼。

品種資料
Amphiterus viperacometus

翼展：4英呎（1.2公尺）
分布區域：環太平洋區域
特徵：高對比的紅色與象牙色、細長的口鼻
棲息地：海岸區域，有時會依附在船隻上
食性：甲殼類動物、蛋、海生動物
其他俗名：火鞭子、低吟者、紅色挖掘者
保護狀況：近危

條紋蛇龍
STRIPED
AMPHIPTERE

條紋蛇龍通常棲息在林地環境，與其他猛禽類動物競爭獵捕林中的小型哺乳類動物。在一些罕見的情況中，對獵物的爭奪會演變成激烈的地盤大戰。

品種資料
Amphiterus viperasignus

翼展：3英呎（1公尺）

分布區域：全球的溫帶氣候區

特徵：翅膀上從前方延伸到背部的紅色與棕色條紋、往尾端逐漸變細的尾巴以及在翅膀基部的兩根尖刺

棲息地：森林與平原

食性：小型嚙齒類動物

其他俗名：刺尾龍、條紋仔

保護狀況：無危

黃金蛇龍
GOLDEN
AMPHIPTERE

黃金蛇龍擁有巨型的翅膀和龐大的身軀，能夠在空中翱翔極長的距離。儘管屬於較為罕見的品種，但在全球各地都有目擊紀錄。牠們無懼於飛越大片的陸地、山脈甚至海洋。

品種資料
Amphiterus viperaurulentus

翼展：10英呎（3公尺）

分布區域：中美洲與南美洲

特徵：閃亮的金色身軀

棲息地：灌木叢、農地

食性：小型家畜

其他俗名：金麥之翼

保護狀況：極危

第二章：亞洲龍

神殿龍
鉛筆與數位繪圖
尺寸：14英吋×22英吋（36公分×56公分）

亞洲龍 ASIAN DRAGON
Draco cathaidae

基本型態

亞洲龍科品種眾多，牠們大多有著修長如蛇般的身軀、四肢，以及具有抓握功能的尾巴。雖然亞洲龍和四足獸龍一樣隸屬於無翼的陸生龍目（Terradracia）之下，但其實仍擁有一定程度的飛行能力。牠們並不像飛龍和乘龍那樣長有用於飛行的附肢，但是牠們能夠運用身軀上獨特的皺褶構造在空中滑行。

亞洲龍的顏色、尺寸和外型五花八門，棲息地也相當廣泛，西藏喜馬拉雅山區、越南的叢林、菲律賓，甚至在印度都能夠發現牠們的蹤跡。

由於亞洲龍與極地龍有著諸多相似之處，許多品種都被分類錯誤。這樣的錯誤其實不難理解，亞洲龍和

亞洲龍的頭部
亞洲龍典型的長鬚能夠偵測附近物體的動態。

極地龍中的一些品種在亞洲分享著同樣的棲息地，在許多亞洲古典藝術作品中兩者也時常被混淆。然而，這兩科其實極為不同。亞洲龍並沒有毛皮，牠們也不會出現在極圈以北的地方；而極地龍並不具有在空中

亞洲龍的棲息地
竹林提供了亞洲龍理想的棲息環境，然而近來竹林逐漸漸少，導致亞洲龍的棲地範圍受限。

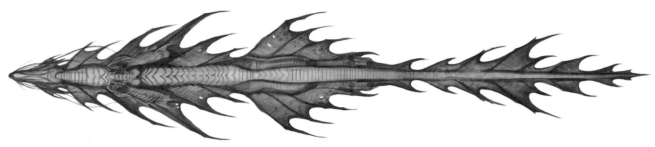

亞洲龍下腹視角
從上圖中我們可以很清楚地觀察到神殿龍摺邊翅膀的構造。

滑行的能力，也沒有具抓握功能的尾巴。

　　亞洲龍屬於雜食性，只要能夠弄到手，無論是水果、竹子或肉類都來者不拒。當冬天來臨時，棲息在偏北區域的亞洲龍通常會往南遷徙到較為溫暖的區域避寒。

行為模式

　　亞洲龍科下包含了大量的品種，大多數個體喜歡獨自生活在偏遠無人的森林深處。在亞洲的密林中，小型動物和各式果類提供了充足無虞的食物來源，這讓某些亞洲龍品種能夠成長到將近30英呎（9公尺）的長度。與牠們競爭頂級掠食者地位的是老虎等大型貓科動物。亞洲龍是靈巧且強大的戰士，牠們和無翼蛇龍一樣，能夠以蛇形的身軀纏繞並絞殺敵人；牠們同時擁有尖銳的牙齒，四肢上也長有利於戰鬥的利爪，有些品種甚至能夠朝敵人噴出腐蝕性的唾液。如果亞洲龍沒有隱士般的害羞習性，那牠們可能會對人類造成更大的危害。至今為止，人類被亞洲龍所傷的紀錄依舊十分少見。

亞洲龍的蛋
尺寸：8英吋（20公分）
人們認為亞洲龍的蛋帶有令人敬畏的魔法力量。蛋殼呈現豐潤的象牙色或者古意盎然的金黃色。

歷史

　　優雅美麗的亞洲龍在許多東方國家都受到敬重。在神道教、佛教和印度教中，牠們被視為神聖的動物。在亞洲所有的國家，龍的形象出現在畫作、建築、衣飾和各種手工藝品上。許多圖書館和博物館也都收藏著關於龍的文獻紀錄。

　　亞洲龍科中體型較小的品種，長久以來都在亞洲文化中被當成皇帝或強大領主的寵物，例如盆景龍和富士龍。

　　如今，中國、越南、韓國和日本的政府都立法保護亞洲龍。而大部分品種在人類豢養的情況下都難以生存。香港動物與植物園保有一對神殿龍，希望在不久的將來能夠孵育出更多的後代。在美洲和歐洲，若沒有政府許可，一般人私自擁有任何品種的亞洲龍都是非法的。

　　然而，非法動物園、私人收藏和非法鬥龍活動都使得亞洲龍的走私貿易有利可圖。以亞洲龍進行鬥龍比賽和賭博的風潮可以追溯到數個世紀以前。如今，泰國、緬甸和中國政府與世界龍族保護基金會所領導的數個國際組織合作，以遏止非法走私亞洲龍和鬥龍的歪風。他們的努力已經拯救了數以千計的亞洲龍。

玉龍 JADE DRAGON

神殿龍 TEMPLE DRAGON

品種資料
Cathaidaus rangoonii

身長：3英呎（91公分）

分布區域：東南亞

特徵：修長帶皺折與綠色斑點的綠色身軀

棲息地：山中叢林和雨林

食性：雜食

其他俗名：仰光蛇、礦工龍

保護狀況：極危

　　在以前，玉龍的蹤跡曾經遍布東南亞，包括柬埔寨、泰國和緬甸等國。數千年以來，克欽邦（Kachin Land）的採玉礦工飼養這種小型的龍，相信牠們能夠帶來好運。但持續擴張的開採活動破壞了玉龍的生態系。後來，亞洲各處都成立了庇護所，以保護這些瀕臨滅絕的品種。

品種資料
Cathaidaus dracotemplum

身長：30英呎（9公尺）

分布區域：南亞包括印度、東南亞

特徵：奇異的運動方式

棲息地：山中林地、寺廟、神殿和修道院

食性：雜食

其他俗名：緞帶龍

保護狀況：極危

　　自遠古人類有記憶以來，神殿龍就已經存在於人類的疆域中。牠們對人類文化的影響以及在藝術作品中的形象可以追溯到數千年前。人們相信在好幾個世紀之前，曾經有一支奇特的龍類生物家族在中國的山東省繁衍，牠們的後代就是如今我們所知的神殿龍。

盆景龍 BONSAI DRAGON

　　在亞洲，人們廣泛地培育這種身型嬌小的品種。如今，在野外已經幾乎沒有任何盆景龍的蹤跡，但是他們依舊是亞洲上層階級社會中極受歡迎的寵物。原本的盆景龍在外表上是以泥土色調的斑駁圖形為主，但是經過人們不斷地培育之後，現在已經出現了各式各樣的顏色與花紋。

品種資料

Cathaidaus penjingus

身長：14英吋（36公分）

分布區域：亞洲

特徵：嬌小的身軀、不規則的皺褶

棲息地：樹林與竹林

食性：雜食

其他俗名：小鼠龍、盆仔

保護狀況：野外滅絕

帝王龍 IMPERIAL DRAGON

　　自從中國唐朝第一位皇帝開始，帝王龍就被尊為神聖的動物。現今的帝王龍就是當時皇室中龍族生物的後代。雖然最近在雲南點蒼山有傳出目擊野生帝王龍的消息，但是這些消息大部分都尚未得到證實。

品種資料

Cathaidaus wangdii

身長：6英呎（2公尺）

分布區域：中國

特徵：深紅色的身軀、尾巴、雙脊

棲息地：森林

食性：雜食

其他俗名：血盟衞

保護狀況：野外滅絕

朝鮮龍 KOREAN DRAGON

朝鮮龍是生活於叢林中的攀爬高手，牠們擅於從樹頂或懸崖頂端的制高點觀察周遭可能出現的危險。朝鮮龍過去曾經是造成無數旅人相信樹林裡鬧鬼的元兇。如今，牠們的生存遭受到極大的威脅，人們也極難在野外發現牠們的蹤跡。

品種資料

Cathaidaus goguryeoyongii

身長：4英呎（1.2公尺）

分布區域：東南亞，特別是朝鮮半島

特徵：泥土的灰色、樹葉般的皺褶、頭冠附近顯著的藍綠色澤

棲息地：森林、高海拔山區

食性：雜食，包括小型哺乳類動物，例如鼩鼱、鼹鼠、野兔和蝙蝠

其他俗名：Yong（韓語的「龍」）、高句麗龍

保護狀況：極危

喜馬拉雅龍
HIMALAYAN
DRAGON

喜馬拉雅龍是亞洲龍科中少數依舊在野外繁衍的品種，這是由於牠們棲息在極為偏遠、人跡罕至的地帶。

在1999年，一座庇護所建立於尼泊爾的西佛克桑多（Shey Phoksundo）國家公園。喜馬拉雅龍在國家公園中能夠健康地成長，在西邊的高海拔山區也能夠見到牠們的蹤跡。冬天時，喜馬拉雅龍會進入半冬眠狀態，等到溫暖的春天來臨時，才會成群地出現。

品種資料

Cathaidaus shephoksundus

身長：5英呎（1.5公尺）

分布區域：中國西北部、尼泊爾

特徵：頭頂上和延伸到腹部的雙摺構造

棲息地：亞高山帶的樹林

食性：雜食

其他俗名：睡龍、盜夢賊、藍色歇普科龍

保護狀況：瀕危

靈龍 SPIRIT DRAGON

靈龍又被稱為白龍或鬼龍，牠們曾經一度被認為只存在於神話中，直到十九世紀時，歐洲探險家在亞洲發現牠們的蹤跡。靈龍通常會躲避與人類的接觸，我們對於此種龍族生物的研究也遲遲沒有進展，直到最近牠們才出現在中國與尼泊爾邊境的雪山上。靈龍的習性與有近親關係的喜馬拉雅龍不同，牠們總是隱身在棲地白雪和雲層下，數個世紀以來，人類依舊無法掀開靈龍神祕的面紗。

富士龍 FUJI DRAGON

富士龍是有著隱士性格且極為罕見的亞洲龍品種，牠們在野外的個體已經十分稀少，接近滅絕的邊緣。這種龍族生物的獨特之處在於，如今活生生的個體只能在日本的富士山上找到。這對於偏好在茂密森林中生活的亞洲龍科來說十分特殊。在布滿岩石的崎嶇山區上，嬌小的富士龍能夠捕捉小型哺乳類動物、昆蟲和爬蟲類動物。攀登富士山的朝聖者都以能夠親眼見到這種罕見的龍族生物為傲，人們也認為這千載難逢的偶遇能夠帶來祝福與好運。

品種資料

Cathaidaus yamadoragonus

身長：16英吋（41公分）

分布區域：日本中部、富士山

特徵：有著黑色和藍色斑點的修長蛇形身軀、雄性龍頭上長有角

棲息地：山區

食性：雜食

其他俗名：將軍龍、祥龍、山龍

保護狀況：接近滅絕

品種資料

Cathaidaus jingshenlongus

身長：10英呎（3公尺）

分布區域：西藏山區、念青唐古拉山脈、岡底斯山脈

特徵：大型的皺褶與尖刺、暗灰藍與白色相間的身軀

棲息地：白雪覆蓋的山區

食性：未知

其他俗名：精神龍、鬼龍、白龍

保護狀況：極危

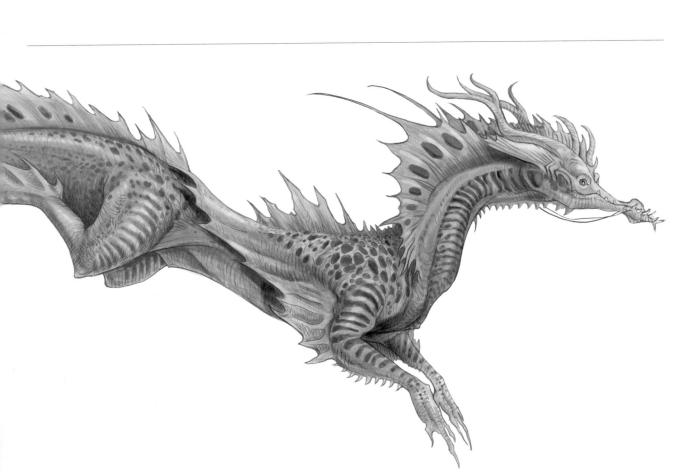

耶夢加德

鉛筆與數位繪圖

尺寸：14英吋×22英吋（36公分×56公分）

海怪 SEA ORCS

Draco cetusidae and Draco dracanquillidae

基本型態

海怪是在數百萬年前,由陸地上的龍族生物演化而來的。如今,牠們主要分成兩個科:擁有巨大蛇形軀體、最長能夠生長到超過300英呎(91公尺)的龍鰻科(Dracanguillidae),以及棲地較靠近陸地、體型較小,最多只能長到50英呎(15公尺)的海哺乳科(Cetusidae)。

地球上有75%的面積被海水覆蓋,所以海怪是龍族綱中品種最多的科。其中有十幾個品種已經記載在文獻中,其他的品種則是接近滅絕。我們也認為,深海中依舊存在著人類所不知道的罕見品種。海怪科主要以魚類、海豹、貝類以及其他海中生物為食,牠們也時常需要回到海面上進行呼吸。在每年一度的產卵期,母海怪會來到淺水處或沙灘產下龍蛋,在這段期間牠們較脆弱,容易遭受敵人攻擊,許多成年的海怪和幼龍都因此死亡。海怪幼龍出生時體型嬌小,但是牠們的成長速度非常快。

與海生哺乳類動物類似,海怪科也演化出游泳專用的肢體,而這些海中龍族能夠成長到極為巨大的體型。海怪頭骨的尺寸顯示出這種強大的龍族能夠輕易地獵殺海洋中最大型的鯨魚和烏賊,牠們互相交錯的長牙是捕殺魚類的利器。同時,海怪科也具有能夠潛

海怪的蛋
雖然不同品種的海怪有著各種不同的顏色與樣貌,牠們所生下的蛋外觀並沒有任何特殊之處。我們很難透過蛋來分辨出這是哪一種海怪所產下的。

海怪的棲息地
像這樣平靜的沙灘很可能生活著大量的海怪,不過一般人無法察覺牠們的存在。

到深海的能力，牠們是大王烏賊、抹香鯨和大型鯊魚的天敵。

行為模式

　　大西洋海怪的棲息地從美國麻薩諸塞州鱈魚角（Cape Cod）的北方海域延伸到愛爾蘭海和挪威峽灣。冬天時，海怪會往南遷徙，以巴哈馬作為主要獵場。從十五世紀起，海怪就出沒在人類主要的海上航道附近，襲擊船隻的紀錄層出不窮。一些在南大西洋的攻擊事件也據信與百慕達三角洲中神祕消失的船隻有關。如今，在經過十九和二十世紀的大規模獵捕之後，接近滅絕的大西洋法羅海怪已經極為罕見。現在牠們也被列為瀕危物種加以保護。

耶夢加德的頭部
耶夢加德可能是海中最大型的海蛇生物，也是許多傳說故事的來源。

歷史

　　海怪的英文orc來自拉丁文的orcus，意思是鯨魚或者地獄。殺人鯨的英文名orca也是同樣源自於這個字。全世界最知名的海怪無疑是尼斯湖水怪，牠的品種是蘇格蘭海龍。關於蘇格蘭海怪的另一項記載出現在義大利文藝復興時期詩人亞里奧斯托（Ariostos）所著的史詩《狂怒的奧蘭多》（Orlando Furioso）中。在故事裡，少女安潔莉卡和奧林琵亞即將被獻祭給蘇格蘭天空島的海怪。英雄魯吉耶洛將海錨刺入海怪的嘴中，拯救了蒙難的少女。雖然有些海洋生物學家認為遠古神話中著名的克拉肯（Kraken）也是隸屬海怪科，但是實事上克拉肯是一種巨型烏賊。另一種時常被誤認為海怪科的生物是利未坦（Leviathan），牠們其實隸屬於鯨豚科。

　　世界上最大的海怪標本現今收藏在英國格林威治的國家海生博物館。這個身長達225英呎（69公尺）的個體是於1787年在愛爾蘭海被皇家海軍的巡防艦「堅忍號」（HMS Pertinacious）所捕殺。

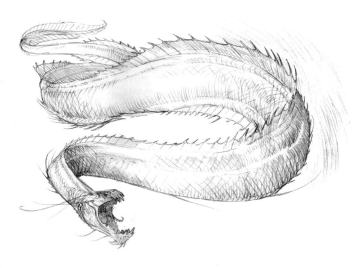

耶夢加德 JORMUNDGANDER

　　數個世紀以來，這種謎樣的海中龍族生物成了許多傳說的主角。長久以來耶夢加德都被視為神話的產物，或者至少已經滅絕。直到1927年，一條長達200英呎（61公尺）的個體死屍出現在西班牙的海灘上。耶夢加德與法羅海怪有近親關係，他們大部分的時間都生活在極深的海底，獵捕烏賊和其他深海生物。到目前為止，耶夢加德尚未有在野外被發現的紀錄。對於這種極為罕見的龍族，我們也沒有足夠的當代證據與資料。龍族生物學家確信，耶夢加德是海怪科中唯一會將龍蛋產在海中的品種。海中的龍蛋和幼龍容易遭到掠食者攻擊，這也是造成耶夢加德數量稀少的原因之一。

蘇格蘭海龍
SCOTTISH SEA DRAGON

品種資料

Cetusidus orcidius

身長：40至70英呎（12至21公尺）

分布區域：北半球、北海、蘇格蘭、冰島和北歐的主要湖泊

特徵：修長彎曲的頸部、利於游泳的大型鰭狀肢

棲息地：低溫的深水湖

食性：小型魚類、植物

其他俗名：尼斯、冠軍龍、歐戈波哥（Ogopogo，華盛頓州和蒙大拿州印地安原住民語中的「水中精靈」）、拉加爾湖怪（Lagarfljót，位於冰島的湖）

保護狀況：近危

品種資料

Dracanquillidus jormundgandus

身長：500英呎（152公尺）

分布區域：世界各地溫水到冷水海域

特徵：藍綠色的軀體、有著摺邊的頭部

棲息地：深海

食性：烏賊、鯨魚

其他俗名：雷神剋星、耶夢

保護狀況：滅絕

　　雖然蘇格蘭海龍屬於鹹水海怪，但我們在內陸的淡水湖也能夠發現牠們的蹤跡。牠們有著在不同水體之間遷徙的習性。在陸上時的蘇格蘭海龍顯得較為脆弱，所以牠們通常都是在夜色的掩護下登上海灘。根據牠們的行為，有些龍族生物學家認為牠們與海獅龍有近親關係。蘇格蘭海龍生性害羞，通常會躲避與其他大型動物的接觸，並且以青草和小型魚類為食。蘇格蘭海龍一度被認為已經滅絕，但是最新的證據指出，在一些溫度較低的水域依舊有少量群體的存在。

海獅龍 SEA LION

　　雖然海獅龍的名字中有「獅」字，但應該沒有人會將牠們與有萬獸之王稱號的哺乳類動物相混淆。在世界各地的淺水處和海岸都能夠發現海獅龍的蹤跡。與其他永久生活在海中的海怪科品種不同，海獅龍喜歡待在崎嶇的海岸，在岩石和洞穴之間安身、狩獵和產卵。海獅龍是強大的掠食者，牠們的上下顎能夠咬穿木製的船身、咬斷船槳，對於周遭水域中的任何生物都能夠造成巨大的威脅。

品種資料
Cetusidus leodracus

身長：15英呎（5公尺）
分布區域：全世界各地
特徵：強而有力的前肢、特殊的背鰭尖刺、身軀上的條紋圖形
棲息地：岩石海岸
食性：肉食
其他俗名：海中夜叉、西提亞（希臘文中的海怪）
保護狀況：無危

錘頭海怪
HAMMERHEAD
SEA ORC

　　這種極具攻擊性的大型海怪生活在世界各地的海洋中。數個世紀以來，錘頭海怪都讓漁民非常頭痛。從北美到歐洲海域，牠們吞噬掉大量的鱈魚和其他食用魚漁獲。在十九世紀時，錘頭海怪遭到大規模的捕殺，變成了極為罕見的海中龍族生物。直到1970年代，牠們才被列為瀕危物種。

　　龍族生物學家針對錘頭海怪的錘狀頭冠的功能做出了許多推測。有些專家認為那是在交配期間用於吸引異性，或者狩獵時的武器。但是近期的研究發現錘狀頭冠中含有大量的感覺細胞，讓錘頭海怪能夠在8公里之外偵測到獵物。

品種資料
Dracanquillidus malleuscaputus

身長：25英呎（8公尺）
分布區域：北大西洋
特徵：碩大的錘狀頭冠、鰻魚般的長尾
棲息地：海洋
食性：肉食
其他俗名：十字鎬、廻力鏢、錨頭龍
保護狀況：瀕危

摺鰭海怪
FRILLED SEA ORC

數百年來，這種美麗但兇悍的深海龍族生物一直都是深海釣客夢寐以求的戰利品。如今，釣捕高價值深海海怪的競賽極為興盛。在日本，釣到的海怪戰利品比與牠們等重的黃金還要高價。1995 年的世界釣捕法案與世界龍族保護基金會一同嘗試遏止對這種海怪的濫捕，但是盜獵者依舊在管轄區外的海域持續非法釣捕摺鰭海怪。在《釣龍高手》等實境節目中，摺鰭海怪和條紋海怪都是極受歡迎的主角，這也提高了世界各地釣捕海怪競賽的受歡迎程度。

品種資料
Dracanquillidus segementumii

身長：30英呎（9公尺）
分布區域：北大西洋
特徵：長型的口鼻部、摺起的鰭
棲息地：深海
食性：肉食，特別是沙丁魚和鯖魚
其他俗名：藍色海龍
保護狀況：瀕危

法羅海怪
FAEROE SEA ORC

法羅海怪是現實紀錄中體型最大的海怪品種。牠們曾經遍布整個大西洋，但是現在僅僅出現在挪威和格陵蘭之間的北海海域。在法羅群島附近密集的目擊紀錄是這種海怪的名字來源。

在二十世紀之前，北歐諸國的釣捕社群都在一年一度的祭典時大量獵捕法羅海怪。如今這種海怪已經處於保育之下。近幾十年來，法羅海怪在冰島以北的海域出現了更多的目擊紀錄。

品種資料
Dracanquillidus faeroeus

身長：200英呎（61公尺）
分布區域：大西洋
特徵：修長如蛇的軀體
棲息地：深海
食性：肉食
其他俗名：埃格德之蛇、魔鬼的尾巴
保護狀況：瀕危

電海怪
ELECTRIC SEA ORC

電海怪是少數生活在淡水的海怪科品種之一。與近親電鰻相同，電海怪能夠以電流癱瘓獵物。因為巨大的體型，這種致命的海中龍族生物所產生的電流足夠殺死像野牛這樣的大型動物。人類如果接近電海怪的棲息地，也時常會遭到牠們致命的攻擊。

品種資料
Dracanquillidus electricus

身長：12英呎（4公尺）

分布區域：亞馬遜河、撒哈拉沙漠外圍的非洲河流

特徵：長矛般的上顎、多種顏色的軀體

棲息地：深度較淺的河流和淡水湖泊

食性：肉食

其他俗名：閃電魚、特斯拉環

保護狀況：易危

有翼小海怪 FLYING SEA ORC

有翼小海怪是海怪科中最常見也最小型的品種。牠們通常以成千的群體行動。好幾個世紀以來，有翼小海怪都被誤認為是飛魚的一種，事實上牠們是由那些從陸地轉移到海洋尋找充足食物的龍族生物所演化而來的。有翼小海怪成群生活在大西洋和太平洋的熱帶和亞熱帶水域，牠們是龍族生物中少數保護狀況為「無危」的品種之一。在每年的產卵期，成千上萬的有翼小海怪來到岸邊產下龍蛋，成為包括人類在內許多掠食者的目標。牠們的肉也時常被用於壽司和其他料理中。

品種資料
Dracanquillidus fluctusalotorus

身長：16英吋（41公分）

分布區域：南太平洋、南大西洋

特徵：魚鰭般的翅膀

棲息地：熱帶和亞熱帶海域

食性：肉食

其他俗名：波浪龍、飛魚龍

保護狀況：無危

條紋海怪 STRIPED SEA ORC

品種資料

Dracanquillidus marivenatorus

身長：25英呎（8公尺）

分布區域：南太平洋

特徵：綠色與粉紅色相間的顯著條紋

棲息地：溫水海洋

食性：肉食

其他俗名：海虎、青環蛇王

保護狀況：易危

　　許多龍族生物學家認為條紋海怪是所有龍族中最為危險的品種之一。牠們行動迅速、生性兇猛，主要生活在澳洲附近的南太平洋海域，獵捕魚類、海豹，甚至以其他的海怪為食。條紋海怪能夠以血盆大口對大型獵物展開突如其來的攻勢，即使是鯨魚這樣龐大的海中生物，也無法抵擋條紋海怪大口徑的致命咬合。

魟海怪 MANTA SEA ORC

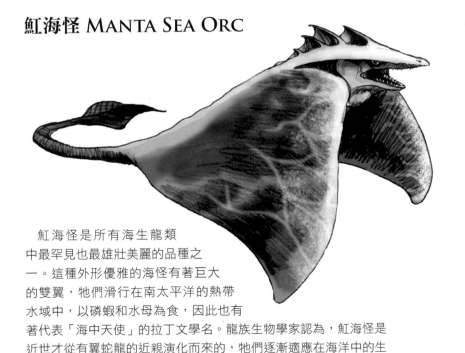

品種資料

Dracanquillidus oceanusangelus

身長：12英呎（4公尺）

分布區域：南太平洋

特徵：寬大如翅膀的雙鰭、布滿白色血管的皮膚

棲息地：熱帶水域

食性：肉食

其他俗名：帽兜海怪、暗夜斗篷客、海中天使

保護狀況：極危

　　魟海怪是所有海生龍類中最罕見也最雄壯美麗的品種之一。這種外形優雅的海怪有著巨大的雙翼，牠們滑行在南太平洋的熱帶水域中，以磷蝦和水母為食，因此也有著代表「海中天使」的拉丁文學名。龍族生物學家認為，魟海怪是近世才從有翼蛇龍的近親演化而來的，牠們逐漸適應在海洋中的生活，並且以碩大的體型嚇阻可能的掠食者。除了交配與孵育期間，魟海怪通常是獨居。與大多數海怪品種相同，牠們會離開海洋來到岸邊下蛋。

帝王妖精龍
鉛筆與數位繪圖
尺寸：14英吋×22英吋（36公分×56公分）

妖精龍 FEYDRAGON
Draco dracimexidae

基本型態

家裡擁有花園的人應該都對妖精龍十分熟悉。許多人會因為拉丁學名而將牠們誤認為昆蟲，事實上妖精龍是如假包換的龍族生物。牠們的前肢演化成了第二對翅膀，腳掌上則是演化出修長的足趾，具有攫取獵物和站立在纖細樹枝上的功能。妖精龍的飛行方式與典型的龍族生物不同，而是更近似於昆蟲或蜂鳥。牠們拍動翅膀的速率極高，能夠像直升機那樣盤旋滯留在半空中。妖精龍所擁有的兩對翅膀能

妖精龍的蛋
尺寸：1/2英吋
（1公分）

妖精龍的蛋並不比一顆豌豆大上多少。牠們能夠同時產下大量的蛋，但是其中大多數都會成為其他掠食者或昆蟲的食物。

抓握
妖精龍的腳掌十分細長，牠們能夠藉此穩定站立在較細的樹枝上。

飛行機制
妖精龍的四片翅膀就像直升機的旋轉翼一樣，讓牠們能夠在空中盤旋並且朝任何方向移動。在靜止時，翅膀會像扇子般收攏在身體旁。

妖精龍的棲息地
妖精龍在鄉間地區生長繁衍，受益於家畜的食物和人類栽種的蔬果。

夠讓牠們維持穩定的身形，朝任何方向任意移動。

　　為數眾多的妖精龍品種生活在世界各地，有著五花八門的顏色和外型。牠們主要以昆蟲為食，有時候也會捕食較大型的獵物，例如蜻蜓和蜂鳥。

行為模式

　　雖然妖精龍是龍族生物中體型最小的科，牠們依舊有著大型龍類的許多習性。妖精龍通常在夜間和清晨獵捕昆蟲，並且在樹上和突出的岩石上築巢。總體來說，牠們還是偏好生活在較為涼爽的深林裡。冬天時，北方的妖精龍品種並不會往南遷徙，而是進入冬眠狀態。在交配期，妖精龍會以鮮豔的翅膀和發出磷光的尾巴吸引異性，然後在飛行中交配。牠們與大型

的巨龍近親一樣，喜歡收集各種閃亮的東西來裝飾自己的巢穴。

妖精龍與人類的互動
在龍族愛好者之間，為妖精龍建造小屋是一項頗受歡迎的活動。

歷史

　　妖精龍啟發了世界各地幾乎所有的童話與傳說故事。鬼火（Will-o-the-Wisp）、棕精靈（brownie）、小妖精（pixie）等都是從美麗活潑且愛惡作劇的妖精龍所衍生出來的。在幾乎所有文化中，花園裡出現妖精龍都被視為好運的象徵。許多人也會在花園裡留下一些閃亮的鈕扣或硬幣，作為給這種嬌小生物的獻禮。

　　關於妖精龍最為知名的敘述出現在路易斯·卡羅的詩作〈吱喳胡言〉（"The Jabberwocky"）和維多利亞時期藝術家約翰·特尼爾備受讚譽的插畫中。從詩名和插畫的形象，我們不難在腦中勾勒出妖精龍那如葉片般翅膀發出吱吱喳喳聲的可愛模樣。不過某些居住在森林深處的妖精龍在孩童眼中依舊是可怕的生物。

　　如今，妖精龍在世界各地都受到保護，防止不當的捕捉和傷害。為妖精龍建造花園也成為了蔚為一時的風尚。不過在某些鄉村地區，農民開始反對妖精龍的保護命令，他們聲稱對妖精龍的保育限制了農藥的使用，導致其他的害蟲損害農作物，造成數以百萬計的經濟損失。

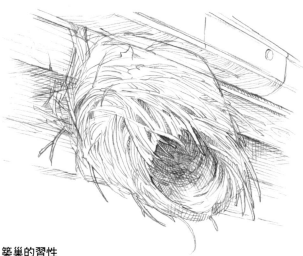

築巢的習性
妖精龍會選擇適合的地點孵蛋，例如穀倉裡或屋簷下。牠們善於建造結構複雜且設計巧妙的巢穴。

如繩索般的尾巴
妖精龍的尾巴擁有抓握的功能，能夠纏繞在任何物體上，製造更佳的平衡。

葉翼妖精龍
LEAFWING FEYDRAGON

葉翼妖精龍是路易斯‧卡羅的詩作和約翰‧特尼爾著名插畫的靈感來源。世界上有著各式各樣的葉翼妖精龍。即使數量眾多，他們的性情、體型和天生保護色都讓他們不容易吸引人類的目光。長久以來，葉翼妖精龍都被誤以為是獨居生物，一直到最近，人們才知道他們也會形成數量龐大的群體。

品種資料
Dracimexus pennafoliumus

身長：10英吋（25公分）
翼展：8英吋（20公分）
分布區域：西北歐
特徵：細長的身軀、兩對短翅
棲息地：鄉間與林地
食性：昆蟲、果實
其他俗名：吱喳龍、樹葉防塵布、樹葉龍
保護狀況：無危

紅衣妖精龍
CARDINAL FEYDRAGON

在新大陸，紅衣妖精龍是最炙手可熱的寵物龍之一。他們明豔的紅色和細緻的身體結構十分招人喜愛。在十七和十八世紀，許多紅衣妖精龍被捕捉並且運送到歐洲。過去曾經有一小群的紅衣妖精龍在法國北部定居，但如今都已經消失。剩餘的群體目前生活在加拿大東部的野地裡。

品種資料
Dracimexus cardinalis

身長：10至12英吋（25至30公分）
翼展：12至14英吋（30至36公分）
分布區域：東北林地、北美洲
特徵：明亮的紅色斑點、雄性龍的頭冠、薊葉形狀的翅膀
棲息地：高海拔區的林地
食性：魚類、小型蛇類、昆蟲
其他俗名：紅葉龍、紅袍客
保護狀況：易危

麥布女王龍
QUEEN MAB
FEYDRAGON

麥布女王龍一度是英倫群島的瑰寶，但是現在已經極為罕見。1932年於愛丁堡創立的「麥布女王宮」協會致力於這種妖精龍的保育，希望能夠讓牠們恢復到以往可觀的數量。

品種資料
Dracimexus mercutious

身長：16至20英吋（41至51公分）
翼展：12至14英吋（30至36公分）
分布區域：蘇格蘭高地
特徵：彩虹色與藍色的軀體
棲息地：林地
食性：昆蟲、鳥類、小型哺乳類動物
其他俗名：午夜暗影、藍色魔鬼
保護狀況：極危

聖劍妖精龍
EXCALIBUR
FEYDRAGON

除了兩對翅膀的構造外，這個強而有力的品種與其他妖精龍在外觀上極為不同。聖劍妖精龍主要活動於陸地上，並且會成群結隊攻擊獵物。強健的腿部和翅膀賦予了牠們高度靈活的彈跳力，能夠從高處俯衝攫取沒有警覺性的獵物。

品種資料
Dracimexus pendragonus

身長：14英吋（36公分）
翼展：14至16英吋（36至41公分）
分布區域：北歐與北亞
特徵：強而有力的腿部構造、身軀兩側的鉗狀肢
棲息地：沼澤地、凍原
食性：昆蟲、小型哺乳類動物、鳥類；成群結隊時會獵捕更大型的動物
其他俗名：跳蛙、鐵翼龍
保護狀況：近危

燕尾妖精龍
SWALLOWTAIL FEYDRAGON

燕尾妖精龍是由探險家理查·法蘭西斯·波頓爵士1857年在維多利亞湖岸首次發現這個品種時所命名的。就像許多種蝙蝠，燕尾妖精龍在生態系中扮演了正面的角色，牠們大幅降低了所在地害蟲的數量。

品種資料
Dracimexus furcaudus

身長：8英吋（20公分）

翼展：10至12英吋（25至30公分）

分布區域：中歐與東歐

特徵：一對細長精緻的尾巴、邊緣柔順的翅膀

棲息地：岸邊的沼地、湖岸

食性：以昆蟲為主

其他俗名：岔尾飛掠者、波頓雙矛龍

保護狀況：易危

柳木妖精龍
WILLOWISP FEYDRAGON

關於柳木妖精龍的描述出現在許多文學作品和民間傳說中，但是人們認為這種龍族生物已經在野外滅絕。即時是在人類飼養的環境中，牠們也無法繁衍。自從文藝復興時期被發現以來，數量原本就稀少的柳木妖精龍因為散發冷光的獨特腺體而遭到捕殺，再也無法恢復到原初的數量。

品種資料
Dracimexus Luminus

身長：9英吋（23公分）

翼展：10英吋（25公分）

分布區域：原本遍布歐亞大陸，如今數量大大減少

特徵：蝴蝶般的翅膀、頸部的垂肉和尾巴會產生冷光

棲息地：沼澤地

食性：昆蟲、漿果、植物種子

其他俗名：鬼火、潘恩龍

保護狀況：極危，可能已滅絕

品種資料

Dracimexus monarchus

身長：10英吋（25公分）

翼展：10至12英吋（25至30公分）

分布區域：世界各地的溫帶地區

特徵：明亮如火的橙色、尾端成錘狀、用於擊昏獵物的尾巴

棲息地：鄉間、林地

食性：小型哺乳類動物、蛋、鳥類

其他俗名：作物噴藥飛機

保護狀況：易危

帝王妖精龍 MONARCH FEYDRAGON

　　帝王妖精龍原生於北美洲，但是後來跟隨著人類的擴張與開墾逐漸遷徙到溫帶地區。他們有著令人賞心悅目的外型與顏色，曾經是皇室家族與世界各地動物園中的明星，但是他們和柳木妖精龍一樣，幾乎無法在人類飼養的環境中存活。如今，美國和加拿大都已經立法保護這種珍貴的妖精龍品種。

威爾斯紅巨龍
鉛筆與數位繪圖
尺寸：14英吋×22英吋（36公分×56公分）

巨龍 GREAT DRAGONS
Draco dracorexidae

基本型態

巨龍科下的八個品種是世界歷史中最知名且令人恐懼的生物。自天地初開以來，巨龍不但激發了我們的想像力，更協力構築出了與人類共存的文化。牠們擁有翼展達到30公尺的巨型翅膀，以及口吐烈焰的能力，可說是有史以來最強大的陸生動物。

巨龍科包含了各式各樣的品種，從西北太平洋的岩石海岸到地中海，

牠們的棲息地遍布全世界。巨龍在許多人類文化和宗教中都備受尊崇，但是現存的品種已經不多。一般來說，雄性巨龍身上的色彩比雌性巨龍更為鮮豔。

在巨龍科諸多品種中，最為著名的當屬威爾斯紅巨龍了。牠除了擁有碩大的軀體和四肢、修長的尾巴、蛇般的頸部、強悍的鱗甲和巨大如蝙蝠的皮革雙翼之外，還具備了噴火的能力和極高的智能，是世界上最

噴火巨龍

在所有龍族生物中，只有巨龍科能夠從口中呼出火焰。「呼出火焰」其實並不是一個恰當的用詞。更精確地說，巨龍能夠將火焰從口中「噴射而出」。巨龍下顎後方的腺體能夠分泌高度揮發性的液體，然後牠們能夠將該液體噴射到30公尺之外。當這種液體接觸到空氣，就會迅速地氧化成為烈焰。一般來說，這種攻擊方式一天只能夠使用一次。巨龍通常將噴火作為最後一道防線，讓牠們在危難之際能夠順利逃脫。

巨龍的棲息地

世界各地的海邊懸崖是巨龍的自然棲地，不但有充足的食物來源，終年不斷的強風和巨浪也為巨龍提供了完美的掩蔽。

神祕且迷人的生物。雖然威爾斯巨紅龍並沒有使用語言的能力，牠們和生活在其疆域中的人類長久以來都維持著相敬如賓的關係。

行為模式

巨龍有很強的地域性且生性孤僻，鮮少與其他龍族生物為伍。牠們偏好在高聳的懸崖上築巢，從突出的岩石和絕壁向下俯瞰海洋。當巨龍坐擁崖上的制高點時，牠們能夠清楚地觀察整個地盤，確保自己不受敵人的攻擊，並且隨時準備展翅高飛。濱海的位置也讓牠們能夠從海洋中取食。牠們會獵捕鮪魚、鼠海豚，甚至是小型的鯨魚，並將其帶回巢穴中。巨龍的體型雖然龐大，但通常不會遠離自己的巢穴，除非附近的食物來源耗盡，或者受到人類的威脅。

人類與巨龍之間的互動並不常見，因為兩者的棲地通常沒有重疊。對巨龍來說，人類和飛龍是僅有的天敵。巨龍在成年之後，就會離開母龍前去構築屬於自己的巢穴。雄性成年巨龍也會開始準備追求雌性巨龍。牠們會收集閃亮的物體來裝飾巢穴，然後

以叫聲和火焰吸引雌龍的注意。雌龍一次最多能夠產下四枚龍蛋。一旦雌龍產下龍蛋，雄龍就會立刻離開去尋找新的領地，將巢穴和地盤留給自己的下一代。巨龍的平均壽命極長，有時候能活超過五百年。牠們也能夠進入長期的冬眠狀態，喚醒沉睡的巨龍絕對不是一個明智的舉動。

歷史

在近代歷史中，人類與巨龍處於一種共生的關係。後來，人們開始採取保育措施來關照巨龍的需求。過去曾有將活人獻祭給巨龍的習俗，如今西方世界已經揚棄了這樣的習俗，人類受到巨龍傷害的案例也極為少見。現存最古老且年長的巨龍是在中國受到尊崇的黃金巨龍，據說牠已經超過五百歲。

仙境綠巨龍 ACADIAN GREEN DRAGON

基本型態

　　仙境綠巨龍是北美洲最巨大的巨龍品種，身長能夠達到75英呎（23公尺），翼展寬達85英呎（26公尺）。雌性綠巨龍每五年只下一次蛋，一次僅能夠產出一到三枚龍蛋。綠巨龍通常生活在海岸邊的巢穴，雄龍在海中獵捕食物，雌龍則守護著巢穴，保護子女不受掠食者的侵襲。

仙境綠巨龍側像
身長：75英呎
（23公尺）
這種雄偉的巨獸是世界上最大型的生物之一。

對所有巨龍品種來說，提供了許多生存優勢的海邊懸崖是共同的築巢地點。強風凜冽的高處讓巨龍能夠輕易地起飛，也幫助通常在三歲時才開始學習飛行的幼龍能夠快速掌握這項技能。尚未學會飛行的幼龍容易受到傷害，而高聳偏遠的岩石洞穴提供了足夠的庇護。幼龍成年之後就會離開洞穴，前往尋找新的築巢地點，建立屬於自己的家庭。

品種資料
Dracorexus acadius

身長：50至75英呎（15至23公尺）

翼展：85英呎（26公尺）

體重：17,000磅（7,700公斤）

分布區域：北美洲東北部

特徵：明亮的綠色斑點、多層的羽毛、雄龍鼻上和下巴都長有尖角；雌龍沒有 尖角，身上有淺綠色和黃色的斑點

棲息地：海岸區域

食性：鯨豚科動物

其他俗名：綠龍、美洲龍、斯柯傑梭龍、綠色獸龍

保護狀況：瀕危

仙境綠巨龍的羽毛
仙境綠巨龍是少數擁有羽毛的龍族品種。雄龍身上會長出鮮艷明亮的羽毛來吸引異性。在交配期，雄龍鼻上的尖角也會變成亮紅色。雌龍的顏色則是較為黯淡斑駁，提供必要的保護和偽裝。

仙境綠巨龍的蛋
尺寸：18英吋
（46公分）
雌性仙境綠巨龍每五年下一次蛋，一次最多只能產下三枚龍蛋。

雌性仙境綠巨龍下腹視角
翼展：85英呎（26公尺）
仙境綠巨龍的翼展幅度是北美洲龍族中最巨大的。和雄龍比較起來，雌龍的體色較為平淡。

綠巨龍擁有極長的壽命；目前最長壽的紀錄出現在1768年，由一隻名為毛哈克的巨龍保持。冬眠的習性也大大助長了綠巨龍的長命。人們相信綠巨龍一生中三分之二的時間都處於睡眠狀態，減緩了新陳代謝的速度。年長的綠巨龍能夠進入睡眠達數年之久，期間完全不用進食。在平時，一隻成年的綠巨龍能夠成長到17,000磅（7,700公斤）重，每天必須消耗150磅（70公斤）的肉食。

行為模式

與其他巨龍科下的近親相同，仙境綠巨龍喜歡在岩石海岸築巢。牠們主要獵食的對象是北大西洋中大量的鯨豚類動物，尤其是那些在秋季時遷徙到南方水域的殺人鯨和領航鯨。雄性綠巨龍會在能俯瞰海面的岩洞中或突出的岩壁平台上築巢，然後在夏季展開一系列複雜的求偶與交配儀式。

歷史

關於仙境綠巨龍的首次記載出現在1602年。早期英國殖民者發現北美有數量可觀的綠巨龍群體，而在許多捕鯨者

的記述中，綠巨龍時常從空中俯衝而下，從魚叉下攫走那些被捕獲的鯨魚。儘管有這些不太愉快的遭遇，綠巨龍還是成為了早期美洲人民的驕傲象徵。在革命期間，牠們的形象出現在軍隊的旗幟上，展現出美國獨立的力量與精神。俯瞰著波士頓的碉堡山也曾經是綠巨龍的巢穴所在。班傑明·富蘭克林曾

俯視海岸的綠巨龍
這隻雄龍正審視著自己的疆域。雄龍會抖動身上的羽毛，從喉嚨嘶啞地發出在海灣迴響的複雜歌聲。

雄性仙境綠巨龍下腹視角
翼展：85英呎（26公尺）
雄龍有著較為明亮的綠色，翅膀外側則有
紅色的斑點。

識。1993年，聯邦公園管理局在緬因州阿卡底
亞國家公園旁開闢了仙境巨龍國家保護區。從此
以後，其他許多海岸線地區也劃為保護區，綠巨龍得
以在保護區內安全地繁衍。現在，隨著對捕鯨業的管
制，綠巨龍的數量已經有所回升。

飛行姿態
在交配季，仙境綠巨龍會飛到空中展現自己的英姿來吸引異性。
在上圖中，這隻雄龍糾纏著一隻不感興趣的雌龍。在經過一個小
時的追逐之後，雌龍以一陣火焰吐息趕走了煩人的追求者。

經提議以綠巨龍作為美國國徽，但是綠巨龍最後在國
徽競選中輸給了老鷹。

在十九世紀時，捕鯨業和捕漁業大幅減少了海中魚
類和鯨魚的數量，使得綠巨龍的數量急遽減少。波士
頓、樸資茅斯和紐黑文等許多海岸地區的工業化也摧
毀了綠巨龍的自然築巢地。到第二次世界大戰時，存
活的綠巨龍數量已經不到一百隻，許多生物學家都擔
心這個品種已經難逃滅絕的命運。

世界龍族保護基金會與綠巨龍信託於1972年創
立，致力於提高公眾對於綠巨龍面臨困境的危機意

睡眠時的姿態
在仙境綠巨龍一生之中，睡眠佔據
了大多數的時間。我以畫筆捕捉這
隻巨龍時，牠正平靜地沉睡中，絲
毫沒有察覺到我的存在。

中國黃巨龍 CHINESE YELLOW DRAGON

基本型態

中國黃巨龍有著極為特殊的生理機能，將其與巨龍科中的其他品種區分開來。中國黃巨龍是巨龍科中唯一一個身上長有毛皮的品種，這是極地龍科的特徵之一。除此之外，牠們的腳掌有五隻腳趾，這與其他龍族生物的四隻腳趾不同。中國黃巨龍擁有巨龍科中最寬的翼展幅度，牠們的第五隻增生腕骨延伸到翅膀上，就像古生代的翼龍。

鬃毛與臉部特徵
中國黃巨龍獨特的鬃毛據信是用來吸引異性的。在雄龍身上，厚重的鬃毛搭配長型的鱗片會隨著年歲的增長而更加美觀。雄龍獨有的鼻上尖角也同樣會隨著年齡而變得更加顯著。

中國黃巨龍的腳掌
中國黃巨龍是巨龍科中唯一一種有五隻腳趾的品種，這是牠們最明顯的特徵之一。專家認為這是為了提高獵捕能力而完成的演化。

中國黃巨龍的頭骨
雄龍頭上雄偉的鹿角在世界各地都能夠賣到極高的價錢。1978年，世界龍族保護基金會立法禁止了私人擁有或販賣巨龍的角。然而，人們依舊有可能在亞洲的黑市裡買到這種稀有的龍角。

品種資料
Dracorexus cathidaeus

身長：50英呎（15公尺）
翼展：100英呎（30公尺）
體重：10,000磅（4,550公斤）
分布區域：東亞、黃海
特徵：長有增生修長腕骨的寬大翅膀、依個體和季節而變化的金黃色斑點、雄龍頭上美觀的鹿角和鬃毛
棲息地：臨海的山區
食性：魚類、鯨豚科動物
其他俗名：黃龍、金龍、黃金龍
保護狀況：瀕危

中國黃巨龍側像
身長：50英呎（15公尺）
中國黃巨龍的軀體平滑柔順，符合空氣動力學的原理。牠們也以閃亮的顏色和美觀的鬃毛聞名。

中國黃巨龍的蛋
尺寸：16英吋（41公分）
由於巨龍數量稀少，中國黃巨龍的蛋是世界上最為罕見且高價的珍品之一。

中國黃巨龍如滑翔機般的翅膀上有著專門針對高空翱翔的結構。其他巨龍科中的品種頂多只會在狩獵時於高空盤旋達數個小時，中國黃巨龍則是喜歡在高空翱翔達數天之久，遠離自己的巢穴去追尋獵物。碩大的滑翔雙翼能夠讓牠們達到極高的高度。根據紀錄，中國黃巨龍曾經在太平洋上爬升到 7,600 公尺的高空，飛行範圍遠及夏威夷群島。

中國黃巨龍的主要食物來源是魚類和鯨豚科動物，根據個體的體型大小而有所不同。牠們在抓捕到獵物之後，會在飛行途中進食，所以能夠在海面上待上很長的一段時間，這也是中國黃巨龍的特殊習性。除此之外，中國黃巨龍屬於遊牧性動物，只有當需要交配產卵以及孵育後代時，才會進行築巢。

行為模式

中國的渤海原本美麗且充滿生機，如今卻因為嚴重的污染和人口爆炸而死氣沉沉。過去五十年來，渤海和黃海鑽油工業的興起對環境造成了衝擊，也摧毀了中國黃巨龍的食物來源。在近十年中，中國政府已經開始努力補救這些人為傷害。如今，中國黃巨龍的棲地遠離了中國、台灣和日本的工業中心，牠們的數量也慢慢有所回升。一隻名為「東龍侯」的個體是最後一隻生活在渤海海峽的黃巨龍，接受中國政府的保護與餵食。目前東龍侯居住在龍岩島，每年都有數以百萬計的遊客慕名而來。

因為工業化、戰爭以及過度撈捕和污染，造成的海生生物減少，現在中國黃巨龍的棲息地分布在世界各地。雖然中國黃巨龍已經被列入世界龍族保護基金會的保育名單中，牠們依舊時常遭到亞洲黑市商人非法盜獵。根據許多迷信的說法，中國黃巨龍的鱗片、骨頭、毛皮、器官，特別是頭角都是強大的祕藥，能夠醫治從關節炎到癌症等所有疾病。由於數量稀少和禁止私人擁有的法律，中國黃巨龍已經成為全世界黑市市場中最珍貴的商品之一。

中國黃巨龍的頭部變化
根據紀錄，中國黃巨龍有超過三十隻個體生活在亞洲大陸和鄰近的島嶼。如上圖所示，每個個體的頭部外型都各不相同。

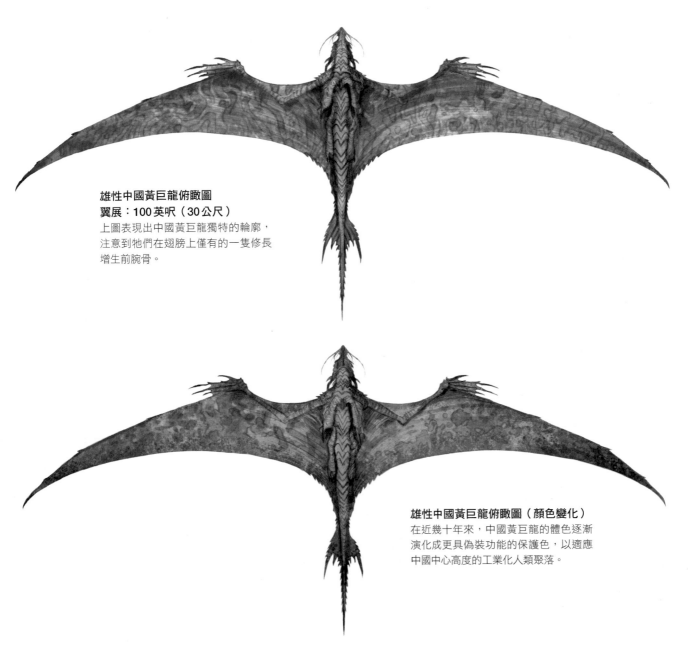

雄性中國黃巨龍俯瞰圖
翼展：100英呎（30公尺）
上圖表現出中國黃巨龍獨特的輪廓，
注意到牠們在翅膀上僅有的一隻修長
增生前腕骨。

雄性中國黃巨龍俯瞰圖（顏色變化）
在近幾十年來，中國黃巨龍的體色逐漸
演化成更具偽裝功能的保護色，以適應
中國中心高度的工業化人類聚落。

歷史

　　在亞洲，特別是中國，龍的形象從很久以前就與文化、國族和宗教身份互相連結。世界上沒有任何一個地方的人民如此廣泛地對龍懷有崇高敬意。在中國某些地方，人民甚至將自己視為龍的後代。在他們心中，龍代表了大自然中水元素的力量，與海洋和風暴相關。中國黃巨龍與海洋有著緊密的關係，也成為了強大的象徵符號。

　　在歷史上，有許多龍族品種都被歸類為中國龍。雖然確實有許多有翼蛇龍科、四足獸龍科和無翼蛇龍科中的品種也生活在相同的棲地，但巨龍科在亞洲大陸上只存在一個品種，那就是中國黃巨龍。在過去，人類時常將牠們與風暴龍和神殿龍混為一談。

克里米亞黑巨龍 CRIMEAN BLACK DRAGON

基本型態

　　和同為巨龍科的許多近親相比，克里米亞黑巨龍的身形顯得嬌小許多，牠們身長通常不會超過25英呎（8公尺），翼展也在50英呎（15公尺）以下。但是謠傳在冷戰期間，蘇聯龍族生物研究所的科學家曾經以黑巨龍為基礎，祕密以生物工程技術改造出破壞力強大的超級龍族生物。牠們能夠以高智能進行空中間諜任務，飛越北約組織的軍事設施上空，拍攝照片與收集數據。1965年，一隻據信為蘇聯間諜的黑巨龍在土耳其西里（Çigli）區的美國空軍基地上空被擊落。蘇聯事後否認與此事件有關聯，也不承認曾經以基因工程創造出間諜龍。

克里米亞黑巨龍的
頭部

品種資料
Dracorexus crimeaus

克里米亞黑巨龍的蛋
尺寸：2英吋（5公分）
克里米亞黑巨龍的蛋通常
很小，不容易引起注意。

身長：25英呎（8公尺）
翼展：50英呎（15公尺）
體重：5,000磅（2,270公斤）
分布區域：東歐、黑海
特徵：深沉黑色的斑點、碩大的
三叉尾巴、背脊上隆起的尖刺、
下巴的尖角
棲息地：濱海區域
食性：鱒魚和鱸魚
其他俗名：黑龍、沙皇的龍、俄
羅斯龍、阿帕科龍、縞瑪瑙龍、
彎刀龍
保護狀況：極危

克里米亞黑巨龍側像
身長：25英呎（8公尺）
從側像的角度來看，克里米亞黑巨龍的外型十
分特殊。牠擁有酷似飛機尾翼的尾巴、足以造
成狂風的翅膀和下巴突出的尖角。有些科學家
相信，早期蘇聯的飛機設計就是以克里米亞黑
巨龍為藍本。

剛孵化的克里米亞黑巨龍
母龍通常一次會產下一至六枚龍蛋。幼龍身長大約12英吋（30公
分）。克里米亞黑巨龍是巨龍科中唯一能夠在人類飼養的環境下順
利生長的品種。如今，烏克蘭的龍族生物研究所飼養著少量的黑巨
龍，待其成年後再野放。

克里米亞黑巨龍的頭部
克里米亞黑巨龍每個個體的頭部外觀都有所不同，在不同黑巨龍家族之間的差異更為明顯。雄龍和雌龍的下巴都有尖角，但是在雄龍身上更為突出。

數千年來，克里米亞黑巨龍都以黑海中大量的鱸魚和鄰近區域河流與湖泊中的鱘魚為食。一般認為，過去克里米亞黑巨龍的某些個體能夠成長到比現在的個體大上兩倍的體型。

行為模式

克里米亞黑巨龍曾經是非常常見的龍族生物，從現在是羅馬尼亞領土的喀爾巴阡山區到如今屬於土耳其和喬治亞的高加索山區，都能夠見到牠們的蹤跡。如今，要想見識到這種黑巨龍，最佳的地點在克里米亞半島的黑海岩石海岸。在上個世紀的蘇聯統治期間，這種外形雄偉的黑巨龍因為重度的工業化、海中生物銳減和棲息地缺乏保育而遭受到重大的生存危機。克里米亞半島中的黑巨龍大多生活在辛菲洛普市郊外山區中的飛龍軍事基地。在這座軍事基地於1991年被廢止後，許多黑巨龍都遭到殺害，但是有一些個體倖存下來，依舊存活在先前被人類飼養的廢棄機構裡。據信現在有大約十餘隻黑巨龍棲息在飛龍軍事基地的廢墟中。為了大眾和黑巨龍的安全，目前這個區域嚴格禁止一般人靠近。世界龍族保護基金會希望能夠對廢墟中的黑巨龍進行研究，但是都遭到了烏克蘭政府的拒絕。

克里米亞黑巨龍的緊密社群在巨龍科中極為罕見，世界上沒有任何品種的巨龍會像牠們這樣與同類如此親密地生活在一起。有些龍族生物學家懷疑，這樣高度的社會化是先前基因改造工程造成的結果。

歷史

克里米亞半島是歷史上戰事最頻繁的兵家必爭之地，希臘、羅馬與鄂圖曼土耳其都曾經在此爭戰不休。這片土地在1854年俄國與法國之間的克里米亞戰爭中飽受蹂躪，而在第二次世界大戰期間又成為蘇聯與納粹德國爭奪的目標。經歷過兩次戰火的摧殘後，克里米亞的南部雅爾達附近那些被高聳絕壁環繞的海岸線呈現一片廢棄的狀態。此處就成為了黑巨龍度過千禧年的棲地。由於頻繁的戰事、戰後的大規模工業化以及黑海魚群的大量死亡，克里米亞黑巨龍於1970年代起被列為極危物種。

克里米亞黑巨龍的巢穴
在二十世紀之前，克里米亞黑巨龍在黑海、裏海和亞速海的岸邊懸崖上建立巢穴，以這些水域中曾經數量龐大的鱘魚為食。如今，作為食物來源的鱘魚和鯨豚科動物數量銳減，野外的克里米亞黑巨龍已經變得極為罕見。

**雄性克里米亞黑巨龍俯瞰圖
翼展：50英呎（15公尺）**
克里米亞黑巨龍黑暗的體色和可怕的外型是歐洲吸血鬼傳說的來源。

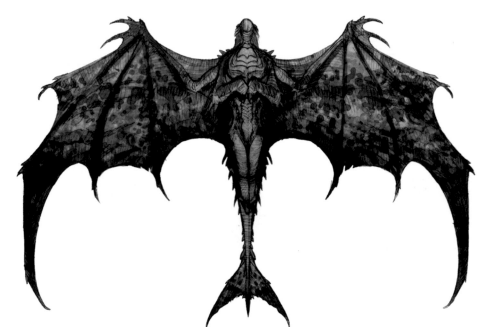

**雌性克里米亞黑巨龍俯瞰圖
翼展：50英呎（15公尺）**
雌龍的體色較為平淡斑駁。

　　與利古里亞灰巨龍類似（詳見第70頁），克里米亞黑巨龍為了生存而演化出較小的體型。1941年克里米亞戰爭期間，史達林對於基因改造這種巨龍展現出高度的興趣。他召集了全蘇聯最優秀的龍族生物學家，命令他們創造出能夠作為武器的黑巨龍品種，用以攔截納粹德國的戰機。就像史達林其他許多的瘋狂計畫一樣，蘇聯的超級黑巨龍創造最終也以失敗收場，但是在政治宣傳上仍然達到了一定的效果。

艾爾華棕巨龍 ELWAH BROWN DRAGON

基本型態

　　艾爾華棕巨龍是巨龍科中最為特殊的品種之一。寬大的臉龐和短小的口鼻讓牠們有著如貓頭鷹般的古怪外觀，而這些型態也確實有與鳥類動物相同的功能。棕巨龍臉上的圓錐體構造有擴音器的作用，能夠將聲音集中傳遞到耳道裡。與其他仰賴視覺和氣味進行狩獵的龍族生物不同，艾爾華棕巨龍依靠的是聽覺。西北太平洋的海岸經常被濃霧所包圍，這增加了龍族狩獵的困難度，所以棕巨龍會運用其高頻、具穿透力的尖聲迴響來鎖定獵物與自己的相對位置。

行為模式

　　艾爾華棕巨龍是最晚被西方自然科學家發現並研究的巨龍科品種。在過去的歷史中，棕巨龍也相對地比較沒有受到人類的侵擾，牠們的棲息地也大多維持著健康的生態系。

艾爾華棕巨龍的頭部
艾爾華棕巨龍的頭部有著與貓頭鷹目鳥類相似的特徵，其功能是能夠集中傳遞接受到的聲響。

艾爾華棕巨龍的蛋
尺寸：12英吋（30公分）
艾爾華棕巨龍的蛋表面凹凸不平，有時有斑點，有時則是條紋。

品種資料
Dracorexus klallaminus

身長：50至75英呎（15至23公尺）

翼展：85英呎（26公尺）

體重：20,000磅（9,000公斤）

分布區域：北美洲，西北太平洋

特徵：斑駁的棕色斑點、寬大的臉部和短小的口鼻、一對彎曲的尾巴

棲息地：濱海區域

食性：太平洋中的魚類、鯨魚

其他俗名：棕龍、貓頭鷹龍、雷鳥、閃電蛇、庫努克斯瓦（北美印第安語中的「深思熟慮」的意思）、韋氏龍、薩利希龍

保護狀況：易危

艾爾華棕巨龍側像
身長：75英呎（23公尺）
短小如鳥喙的口鼻部讓艾爾華棕巨龍能夠以聽覺狩獵，而非仰賴視覺。

艾爾華棕巨龍的幼龍
一個幼龍巢穴中通常會有二到六隻幼龍。

掠食的姿態

普吉特海灣和胡安·德富卡海峽海峽中數量龐大的海豹和鼠海豚是艾爾華棕巨龍的食物來源。牠們有時候也會獵食殺人鯨。

艾爾華棕巨龍分布的範圍極廣，北到阿拉斯加、南到奧勒岡的太平洋海岸甚至舊金山、東到西雅圖都能夠發現牠們的蹤跡。艾爾華棕巨龍在二十世紀時才被列入保育，牠們的數量僅次於冰島白巨龍（詳見第66頁）。一般認為現在世界上大約有超過五千隻的艾爾華棕巨龍，生活在有著豐富魚類和鯨魚的太平洋海岸地區。

歷史

雖然西北太平洋的美洲原住民部落在千年前就對艾爾華棕巨龍有所了解，卻一直到1778年歐洲才出現了這個品種的第一次記載。在那一年，庫克船長指揮著英國皇家海軍的「決心號」進行第三次環遊世界的探險，他在溫哥華島滯留了一個月之久。隨船藝術家約翰·韋伯為促進自然知識倫敦國家學會描繪了艾爾華棕巨龍。這也是牠們被稱為「韋氏龍」的原因。

1805年，美國陸軍的梅里韋瑟·路易斯和威廉·克拉克抵達了西北太平洋。1823年時艾爾華棕巨龍的正式命名分類就是根據他們這次探險的記載。早期的自然學家考察得知艾爾華棕巨龍在美洲原住民部落中被稱為「雷鳥」，並且在其宗教儀式中扮演了重要的角色。在原住民眼中，「雷鳥」代表了大自然令人

艾爾華棕巨龍的巢穴

艾爾華棕巨龍是群居動物。棕巨龍和長相相似的貓頭鷹鳥類一樣，會照顧幼龍直到牠們能夠獨立離開巢穴。在上圖中，雄龍捕捉了一隻港海豹，並且將獵物帶回巢穴，讓初春時出生的幼龍享用。

艾爾華棕巨龍下腹視角
翼展：85英呎（26公尺）
分岔短小的尾巴賦予了棕巨龍精確
穩定的飛行能力。

敬畏的力量和對於生命的尊重。在一些西北太平洋的原住民語言中，棕巨龍又被稱為「庫努克斯瓦」，他們認為「庫努克斯瓦」還擁有任意變形為人類的能力。

　　艾爾華棕巨龍因為其相對偏遠的棲地而順利繁衍至今，但牠們也是美洲和歐洲獵人最喜愛的目標。1909年，美國前總統希歐多·羅斯福在探險時射殺了三隻艾爾華棕巨龍。1917年，這位總統大力支持艾爾華國家巨龍庇護區的建立。

　　1923年，加拿大政府也設立了加拿大國家艾爾華棕巨龍保育區。如今，國際艾爾華棕巨龍保育區是世界上唯一的國際棕巨龍保護區。美國的艾爾華國家巨龍庇護區於1982年被轉移到艾爾華原住民部落議會的掌管之下，成為唯一一個由美洲原住民管轄的國家公園。

艾爾華棕巨龍的巢穴
一名嚮導正在探查這座空蕩
蕩的龍穴。

冰島白巨龍 ICELANDIC WHITE DRAGON

基本型態

北到格陵蘭、西至加拿大的愛德華王子島、往東南方遠及蘇格蘭的奧克尼群島，都能夠找到冰島白巨龍的蹤跡。牠們與仙境綠巨龍、威爾斯紅巨龍和其他斯堪地那維亞半島上的龍族生物都有親密的接觸。

行為模式

冰島白巨龍與世界上其他巨龍科中的品種不同。牠

們的群體龐大，所以對於最佳築巢地盤的爭奪極為激烈。在春季時，雄龍之間會以頭上尖角作為武器展開搏鬥，爭取最理想的築巢地點。許多成年雄性身上的傷疤都是這些惡鬥所留下的痕跡。一旦佔領了適合的地點，雄龍就會建立起巢穴，然後以華麗的火焰、頸部色彩繽紛的垂肉以及龍族獨特的歌聲來吸引雌龍。

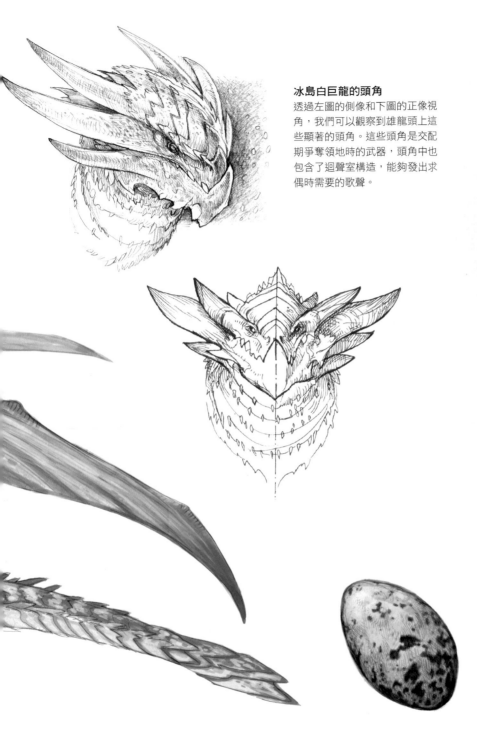

冰島白巨龍的頭角

透過左圖的側像和下圖的正像視角，我們可以觀察到雄龍頭上這些顯著的頭角。這些頭角是交配期爭奪領地時的武器，頭角中也包含了迴聲室構造，能夠發出求偶時需要的歌聲。

品種資料

Dracorexus reykjavikus

身長：50至75英呎（15至23公尺）

翼展：85英呎（26公尺）

體重：20,000磅（9,000公斤）

分布區域：北大西洋

特徵：依季節變化從純白到斑駁棕色的斑點、寬大的水平頭角、三角形的翅膀、向上突出的嘴喙、雌龍的體色更為暗淡斑駁

棲息地：濱海區域

食性：魚類、鯨豚科動物

其他俗名：白龍、極地龍

保護狀況：近危

冰島白巨龍側像

尺寸：**75英呎（23公尺）**

力量強大、適應力極高的冰島白巨龍是兇猛的戰士，對於自己的地盤也非常執著。

冰島白巨龍的蛋

尺寸：**16英吋（41公分）**

左圖是冰島國家自然史博物館中的標本。在孵化之前，冰島白巨龍的蛋很可能會沉睡數年。母龍會視情況所需長年守在龍蛋旁。如果氣候變得嚴寒，龍蛋能夠進入更深沉的冬眠，以利存活。

求偶的習性

雄性的冰島白巨龍在下顎下方長有一塊垂肉，在交配季的時候會變成鮮豔的紅色。這塊垂肉也能夠充氣脹大，是雄性求偶展示的一部分。搭配嘹亮的叫聲、噴火秀和華麗的翅膀動作，白巨龍的求偶可說是一場極富戲劇性的表演！

翱翔時的姿態

在保護區中的冰島白巨龍繁衍生長，牠們時常迎著北大西洋強勁的風勢在高空翱翔。

睡眠時的姿態

巨龍科的生命週期中有很大一部分的時間都處於休息的狀態。和其他大型掠食者一樣，牠們需要儲存自己的能量。在右圖中，這隻碩大的雄龍正端坐在岩石上整理自己的儀容，牠的翅膀展開，感受著陽光的溫暖。

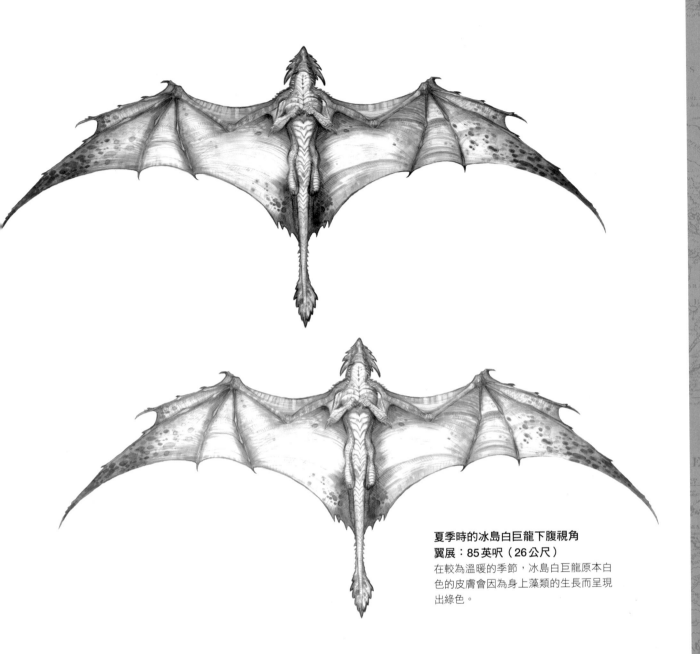

夏季時的冰島白巨龍下腹視角
翼展：85英呎（26公尺）
在較為溫暖的季節，冰島白巨龍原本白
色的皮膚會因為身上藻類的生長而呈現
出綠色。

白巨龍通常以魚類和鯨豚科動物為食，確切的獵食對象取決於成長的程度。體型較小的年輕白巨龍主要獵捕北大西洋中的鮪魚。而碩大的成年龍能夠獵捕大型的海生哺乳類動物，例如殺人鯨和年幼的座頭鯨、長鬚鯨以及露脊鯨。

歷史

冰島白巨龍是歷史上最著名也數量龐大的龍族生物之一。在全盛時期，牠們數量必定超過了其食物來源的負荷。中世紀早期的紀錄顯示，冰島白巨龍的群體移動到了北歐藍巨龍和威爾斯紅巨龍在歐洲的棲息地。一段最為著名的故事記載於中世紀威爾斯史詩《馬比諾吉恩》（Mabinogion）中。在故事裡，一頭白巨龍在英國與另一頭紅巨龍展開了驚天動地的搏鬥。最後，兩頭巨龍都由魯德王（King Lludd）所降伏。冰島白巨龍於五百年前就向東南遷移到威爾斯，這個驚人事實證明了牠們當初必定繁衍出極為龐大的數量。白巨龍的群體在接下來的幾個世紀數量銳減，但是依然是巨龍科中最為興盛的品種。

利古里亞灰巨龍 LIGURIAN GRAY DRAGON

基本型態

　　在巨龍科中，利古里亞灰巨龍不但是最為罕見的品種，在生物學上也與其他巨龍有相當大的差異。牠們也是所有龍族生物中唯一一種在翅膀上有五隻掌骨的品種，雙翼總共五隻掌骨從脛骨和尺骨增生而出，這個特殊的構造賦予灰巨龍翅膀高度的靈活性。過去幾個世紀以來，生物學家針對利古里亞灰巨龍是否屬於巨龍科，或者應該將其歸類在另一個新的科而有過激烈的爭論。利古里亞灰巨龍是巨龍科中體型最小的品種，牠們的平均翼展大約15英呎（5公尺），最大翼展則不超過25英呎（8公尺）。人們時常將牠們與生活在義大利五鄉地（Cinque Terre）的有翼蛇龍相混淆。牠們也是巨龍科中棲息地最南的品種。

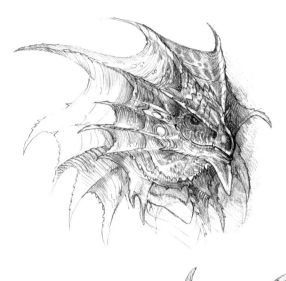

臉部的皺摺
雄性的利古里亞灰巨
龍利用這些華麗的波
狀摺邊來吸引異性。

身長：15英呎（5公尺）
翼展：25英呎（8公尺）
體重：2,500磅（1,135公斤）
分布區域：義大利北部
特徵：雄龍身上有銀灰色的斑
點，在交配季時會呈現明亮的薰
衣草紫色；雌龍有著較深沉的體
色、有著十隻掌骨的雙翼、巨大
的頭冠和沿著頸部和尾巴生長的
皺摺
棲息地：濱海區域
食性：鯨豚科動物
其他俗名：Dragoni（義大利語中
「龍」的複數名詞）、Dragonara
（義大利語中「龍」的陰性名
詞）、Dragogrigio（義大利語中的
「灰龍」）、銀龍、紫水晶龍
保護狀況：極危

利古里亞灰巨龍的蛋
尺寸：6英吋（15公分）
環境的變遷使得利古里亞灰巨龍的數量
變得稀少。一般相信，在荒野中依然存
活著幾隻具有交配能力的灰巨龍。利古
里亞灰巨龍的蛋是國家級的寶物，在義
大利受到有如藝術大師作品般的保護。

雌性利古里亞灰巨龍下腹視角
翼展：25英呎（8公尺）
雌龍身上斑駁的棕色色調提供了在
岩石海岸環境所需的保護色。

**利古里亞灰巨龍的
翅膀**
利古里亞灰巨龍翅
膀上的十隻掌骨是
其他巨龍科品種的
兩倍多。這個構造
讓牠們能夠將翅膀
收攏成精密的形
狀，大大提高飛行
時的動作靈活度。

行為模式

　　義大利五鄉地由五個海崖邊的小村莊所組
成，坐擁著令人屏息的美麗景觀。由於對外
交通的不便利，五鄉地至今依舊維持著中世
紀的樣貌。在過去的歷史中，人們只能透過
船隻或者山羊行走的山道抵達這些村落。第二次
世界大戰之後，道路和鐵路的發展為旅遊業和貿
易敲開了大門，這也同時劇烈地改變了利古里亞
灰巨龍的棲息地。據信在1940年代晚期，利古里
亞灰巨龍曾經一度接近滅絕，五鄉地相對與隔絕
外界的位置挽救了這個品種。如今，利古里亞灰
巨龍是全世界最罕見的龍族生物，人們只有在這
個義大利的小海岸能夠找到牠們的蹤跡。根據世
界龍族保護基金會的統計，目前存活的利古里亞
灰巨龍數量不超過一百頭。

　　造成利古里亞灰巨龍數量銳減的最關鍵原因就
是食物來源。根據1998年的〈黑海與地中海鯨
豚類動物保護協定〉，鼠海豚在附近水域的數量從
1950年起減少了百分之九十九（從約十萬隻減少
至一萬隻）。

進食的模樣
灰巨龍相對較小的牙
齒能夠牢牢抓緊牠們
所捕食的魚類。

雄性利古里亞灰巨龍的下腹視角
翼展：25英呎（8公尺）
雄龍身上的顏色從淺灰色到鮮豔的紫
色，有著明顯的變化。

在二十世紀晚期，政府開始採取積極的措施
來保育地中海的鯨豚類動物。這些措施讓利古
里亞灰巨龍免於滅絕的悲慘命運。然而，儘管
棲息在全世界上最受到保護的環境中，牠們依
舊是瀕臨絕種的龍族生物。

歷史

根據早期研究的文獻和十七世紀科學期刊中的描
述，利古里亞灰巨龍的體型在這數百年之間縮小了百
分之三十。由於海生哺乳類動物的減少，灰巨龍必須
改變其掠食的對象：從鼠海豚和海豹轉變為鮪魚和鱸
魚。因此，體型較大的個體因為食物不足而死亡，剩
下體型較小的個體繼續存活繁殖。

義大利北部的五鄉地提供了殘存的利古里亞灰巨龍
適合的棲地，這也是一個人類與龍族比鄰而居的獨特
區域，利古里亞區的居民與政府都以此為傲。在義大
利文藝復興和巴洛克時期藝術作品中，關於龍族的描
繪大多都是以灰巨龍為藍本。

沐浴在陽光中的灰巨龍
地中海溫暖的陽光幫助灰巨龍
維持體溫。

北歐藍巨龍 SCANDINAVIAN BLUE DRAGON

基本型態

　　北歐藍巨龍的分布範圍極廣，南到蘇格蘭，北達俄羅斯，甚至往西到法羅群島，都能夠發現牠們的巢穴。這些海域數量龐大的海豹、鼠海豚以及鯨魚提供了北歐藍巨龍充足的食物來源，讓牠們能夠在斯堪地那維亞半島人煙稀少的崎嶇岩石海岸生存繁衍。

　　北歐藍巨龍沿著斯堪地那維亞半島的岩石海岸築巢，其棲地包括了挪威、瑞典、丹麥和芬蘭的領土。這片區域有著適度的雨水、溫和的氣候、俯瞰著挪威海的高聳岩石海崖、充滿鯨豚類動物的峽灣以及稀少的人口。這裡可說是世界上最適合龍族的健康棲地。

北歐藍巨龍側像
身長：75英呎
（23公尺）
在交配期，雄性的北
歐藍巨龍會展現出鮮
活的顏色變化來吸引
異性。

品種資料
Dracorexus songenfjordus

身長：50至100英呎（15至30
公尺）
翼展：75至85英呎（23至26公
尺）
體重：20,000磅（9,000公斤）
分布區域：北歐
特徵：雄龍身上有亮藍色的斑點
（比雌龍更為深沉）、修長的口鼻
部、尾巴上有槳狀的尾舵、髖部
有一對前翼
棲息地：濱海區域
食性：鼠海豚、鯨魚、海豹
其他俗名：北歐龍、藍龍、挪威
龍、峽灣蛇龍
保護狀況：易危

體色的變化
雖然以藍色聞名，北歐藍巨龍的身體並不總是呈
現一成不變的藍色。在不同區域的不同個體之間
都有各式各樣廣泛的顏色變化，牠們甚至會隨著
季節的更迭而改變體色。雄龍身上獨特的圖形和
顏色讓科學家更容易辨識出每一個個體。

北歐藍巨龍的蛋
尺寸：18英吋（46公分）
北歐藍巨龍的蛋有著能夠融
入峽灣中藍色花崗岩環境的
保護色。

進食的習性
修長的口鼻部讓北歐藍巨龍能夠
張大上下顎，足以一口吞下一整
條魚。

北歐藍巨龍分布的範圍不若冰島白巨龍
那樣廣泛，大部分的藍巨龍都群聚於挪威
的峽灣，數量比世界上任何一個地方都要多。

北歐藍巨龍在峽灣內的壯麗棲息地讓挪威成為
全世界最受歡迎的觀龍景點。觀賞藍巨龍的其中一個
方式是搭乘「龍族峽灣遊艇」，這是挪威全國最成功
的旅遊業。為了保護藍巨龍未來的棲地不受盜獵
和觀光的衝擊，挪威政府在西南沿岸和峽灣裡
建立了數個屬於藍巨龍的自然保護區。

行為模式

與巨龍科中其他品種相似，北歐藍巨龍需要廣
大的狩獵區。強風凜冽的峰頂和生機盎然的水域提供
充足的食物來源，讓體型較大的個體得以生存。

一頭成年的雄性北歐藍巨龍最重能夠超過10公
噸（約9,089公斤），翼展能夠寬達100英呎（30公
尺），牠一天能夠吃掉將近150磅（68公斤）的肉
類。北歐藍巨龍與其他巨龍科品種一樣，有很長的新
陳代謝靜止期和休眠期。在夏季時，牠們只需要每週
進行一次狩獵，冬季時則只需要每月一次。年長的個
體可能一個月只需要進食一次，然後以休眠度過整個
冬天。挪威外海中有著豐富的鯨豚科動物，而藍巨龍
不需要太過頻繁地進行掠食，牠們習慣將捕捉到的大
型海生哺乳類動物帶回巢穴中享用。

北歐藍巨龍也會獵捕大型的魚類，例如北大西洋鮪
魚。小型鯨豚科動物例如領航鯨和殺人鯨也是牠們掠
食的目標。所以牠們並不會影響到以漁網捕捉小型漁
獲如鯡魚的漁業貿易。歐洲飛龍於十九世紀晚期的絕
種和二十世紀晚期針對捕鯨業的管制都是促使北歐藍
巨龍數量激增的原因。因此，牠們是巨龍科中保育狀
況最佳的品種。

狩獵的姿態
北歐藍巨龍翱翔在挪威北大西洋
沿岸之上。牠們能夠滑翔達數個
小時，搜尋海中的鯨群和魚群。

剛孵化的北歐藍巨龍幼龍

歷史

儘管數個世紀以來與人類比鄰而居，北歐藍巨龍並
不會對人類造成威脅。在斯堪地那維亞半島文化特別
是早期北歐和維京文明裡，北歐藍巨龍被視為擁有強
大力量和魔法的生物。卑爾根自然科學學院裡的「萬
龍殿」收藏了各式各樣以藍巨龍為描繪對象的藝術作
品和手工藝品。在過去幾個世紀中，北歐人民都心懷
崇敬地研究這種龍族生物。

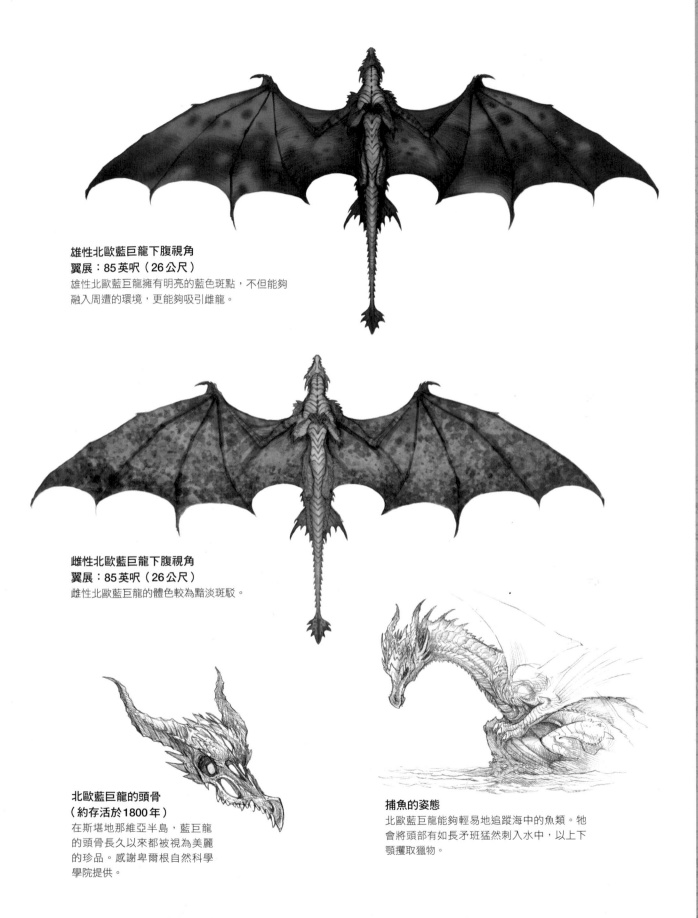

雄性北歐藍巨龍下腹視角
翼展：85英呎（26公尺）
雄性北歐藍巨龍擁有明亮的藍色斑點，不但能夠
融入周遭的環境，更能夠吸引雌龍。

雌性北歐藍巨龍下腹視角
翼展：85英呎（26公尺）
雌性北歐藍巨龍的體色較為黯淡斑駁。

北歐藍巨龍的頭骨
（約存活於1800年）
在斯堪地那維亞半島，藍巨龍
的頭骨長久以來都被視為美麗
的珍品。感謝卑爾根自然科學
學院提供。

捕魚的姿態
北歐藍巨龍能夠輕易地追蹤海中的魚類。牠
會將頭部有如長矛般猛然刺入水中，以上下
顎攫取獵物。

威爾斯紅巨龍 WELSH RED DRAGON

基本型態

雖然威爾斯紅巨龍是所有西方龍族中最罕見的品種，數百年來牠們都受到皇室的保護而存續至今。

和其他巨龍科的成員一樣，雌性的紅巨龍每隔數年才會交配一次，而牠的妊娠期非常漫長，能夠達到三十六個月。雌龍每一次下蛋通常只會產下三枚龍蛋。在守護龍蛋期間，雄龍和雌龍都會變得非常兇猛。幼龍剛孵化時的大小與一隻小狗無異，因此需要雙親嚴密的看照，經過好幾年的成長之後才能夠保護自己。在這段期間，雌龍守護著巢穴和幼龍，雄龍則負責所有的狩獵工作，將捕捉到的魚類和鯨魚帶回巢穴。一但幼龍學會如何飛行之後，雄性幼龍就會離開巢穴，前去尋找屬於自己的新地盤。

威爾斯紅巨龍側像
身長：75英呎（23公尺）

品種資料
Dracorexus idraigoxus

身長：75英呎（23公尺）

翼展：100英呎（30公尺）

體重：30,000磅（13,620公斤）

分布區域：北歐

特徵：雄龍身上有亮紅色的斑點（雌龍的斑點較暗）、雄龍的鼻子和下顎都有尖角、尾巴上有槳狀尾舵、髖部上有一對前翼

棲息地：濱海區域

食性：魚類、鯨魚

其他俗名：Draig（威爾斯語中的「龍」）、紅龍、紅色蛇龍

保護狀況：瀕危

顏色的變化
與其他龍族生物相同，威爾斯紅巨龍在雄性與雌性之間有著不同的體色和圖形變化。雄龍擁有雌龍所沒有的頭角和摺邊，以及秋天時會變得更為深沉的明亮斑點。

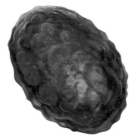

威爾斯紅巨龍的蛋
尺寸：17英吋（43公分）
威爾斯紅巨龍的蛋有特殊的粗糙表面和如石頭般的質感。

雄性威爾斯紅巨龍下腹視角
翼展：100英呎（30公尺）
成年的威爾斯紅巨龍擁有巨大的翼
展，在飛行時呈現出難得一見的壯觀
景象。

歐藍巨龍那樣廣泛，數量也更為稀少（估計少於兩百頭），但是牠們與領地內的人類有著親密且共生的關係。雖然我們尚未有人類與紅巨龍之間實際上進行溝通的紀錄。

威爾斯紅巨龍目前的分布範圍北至法羅群島，南抵威爾斯，包括了大部分的蘇格蘭北方島嶼。牠們在這些水域獵捕海豹和小型鯨魚為食。

歷史

世界上也許沒有任何一片土地像威爾斯這樣與龍族有如此緊密的羈絆。威爾斯幾乎是「龍」的代名詞，紅巨龍的形象飛舞在旗幟上，同時也融入了威爾斯的國家神話中。一直到英格蘭人在中世紀時期於威爾斯建立聚落，紅巨龍才與人類有所接觸。

從過去的歷史以來，紅巨龍在威爾斯都受到皇室保護，這個傳統可以追溯到國王愛德華一世的統治時期。正是因為皇室對於貴族領地的管理和嚴格的保育措施，威爾斯紅巨龍才能夠存續到二十一世紀。與此同時，其他龍族生物例如歐洲飛龍和林德龍都因為人類的獵殺而絕跡。

由於疾病、自然災害或者其他意外，大約只有兩成的紅巨龍幼龍能夠順利成長為成年龍。這意味著一對紅巨龍伴侶每二十年只能夠成功撫育出一頭成年的紅巨龍。經過積極的保育措施，紅巨龍的數量已經有所改善，但是牠們依舊被列為瀕危的物種之一。

行為模式

在歷史和傳說中，威爾斯紅巨龍是巨龍科中最為知名的品種。紅巨龍的棲息地並不像冰島白巨龍和北

雌性威爾斯紅巨龍下腹視角
翼展：100英呎（30公尺）
雌龍的體色較為柔和，接近泥土的顏色。這能夠幫助牠們融入周遭的自然環境。

數個世紀以來，英國王室成員都會定期在皇家森林獵場中舉辦獵龍活動。其中最為著名的獵場是特雷納多格皇家龍族基金會所擁有，由威爾斯獵龍侍從所負責營運。最後一次的獵龍活動是在1907年，如今，在獵龍活動終止之後，獵龍侍從主要為自然學家和遊客擔任嚮導。現在獵龍已經是非法的行為，但是當巨龍對人類或其家園造成威脅時，獵龍侍從有權採取武力應對，不過這是極為罕見的情況。

第六章：四足獸龍

普通獸龍
鉛筆與數位繪圖
尺寸：14英吋 × 22英吋（36公
分 × 56公分）

四足獸龍 DRAKE
Draco drakidae

基本型態

四足獸龍是十分常見的無翼龍族生物。許多文明都有馴服豢養獸龍的傳統。獸龍科中有數百個品種，牠們的共同特徵是有四隻腳以及短小堅實的身軀，能夠進行高速的跑動。獸龍所擁有的優勢在於高度的適應性，牠們能夠依照環境的需要發展出更多的次品種，各自擁有獨特的構造與功能。牠們也演化出強而有力的上下顎和尖銳的牙齒，能夠高效率地捕殺獵物。

普通獸龍的楔型頭部
楔型的頭部賦予獸龍靈敏的雙目視角，有利於掠食行動。牠們運用強大的上下顎和嘴喙來殺死獵物。

行為模式

獸龍通常生活在世界各地開闊的稀樹草原，以北至亞北極區的凍原，並且以群體進行狩獵。一個群體的數量有時能達到十餘頭獸龍，足以輕易捕殺大型的獵物，例如駝鹿、麋鹿和人類豢養的乘龍科動物。如今，野外的獸龍品種已經十分少見，因為人類的獵捕而趨近滅絕。

獸龍的棲息地
獸龍在各種不同的氣候區都能夠繁衍，特別是世界各地的開闊稀樹草原。在這樣的地形上牠們能夠發揮天生速度的最大優勢。

戰士的盟友
數個世紀以來，人類馴養獸龍作為狩獵時的幫手或者守衛。牠們也依造不同的功能穿戴各式各樣的盔甲和鞍具。

獸龍的蛋
尺寸：**10 英吋（25 公分）**
獸龍是野外的群居動物，牠們會保護龍蛋不受食腐動物的侵襲。

歷史

獸龍在古埃及和巴比倫文明中都被人類所馴養，如今牠們的數量已經不若以往。數個世紀以來，人類在世界各地孵育出數百個不同品種的獸龍，從玩具一般、身長不超過 12 英吋（30 公分）的小型品種，到身長超過 20 英呎（6 公尺）的大型破城獸龍。在二十世紀中期，北美洲和歐洲的野生獸龍已經因為獵殺而瀕臨絕種，並且被列為瀕危物種之一。現代保育區和國家公園的建立讓野生獸龍的數量有緩慢回升的趨勢。

由於人類通常馴養獸龍作為守衛，牠們的形象時常出現在美索不達米亞、埃及和其他亞洲文明的建築中。到了中世紀，獸龍成為了兇猛守護者的象徵；大教堂的排水管都採用了類似獸龍的造型來嚇阻鴿子前來築巢。這就是許多建築物上的「滴水嘴獸」（gargoyle）或「雨漏」雕飾的由來。如今在世界上許多地方，滴水嘴獸也成為了獸龍的同義字。

滴水嘴獸
歐洲的哥德式大教堂使用低水嘴獸石雕作為排水管。這些石雕的造型來自各種龍族生物，但是獸龍是最常見的設計。

普通獸龍 COMMON DRAKE

普通獸龍的蹤跡遍布世界各地，是最容易捕捉馴養的品種。高速的行動力和強健的肌肉使牠們成為理想的狩獵與軍事工具。

快捷的速度
獸龍快速的跑動和撲倒大型獵物的能力令人敬畏。

休息時的獸龍
鉛筆素描練習
在非狩獵期間，獸龍是十分沉靜的。

獸龍的頭骨
從頭骨上我們能夠觀察到上下顎肌肉和韌帶的大範圍分布，這能夠產生強大的咬合力量。

品種資料
Drakus plebeius

身長：3至12英呎（0.91至4公尺）

分布區域：世界各地

特徵：擁有四足的堅實軀體、無翼

棲息地：溫帶至熱帶區的開闊原野

食性：駝鹿、麋鹿、乘龍

其他俗名：滴水嘴獸、滴水獸龍、戈爾貢龍、小獸龍、Drak（捷克語中的「龍」）

保護狀況：無危

聖卡斯柏特獸龍 St. Cuthbert's Drake

在中世紀時的巴伐利亞，聖卡斯柏特修道院中的僧侶馴服了這個品種的獸龍。他們能夠憑藉著堅實的軀體在岩石遍布的地勢中攀爬，協助那些在大雪中迷路的朝聖者。如今，聖卡斯柏特獸龍的數量稀少，但是人們依舊敬重他們強大的力量。在某些地方，他們偶爾也會被用為農業耕作的幫手。

品種資料

Drakus eruous

身長：10英呎（3公尺）
分布區域：世界各地
特徵：高聳強壯的前肩膀
棲息地：岩石山地
食性：哺乳類動物、鳥類、青草
其他俗名：山地公牛、烏多牛（Udo，德國男子名）
保護狀況：易危

聖喬治獸龍
St. George's Drake

聖喬治獸龍是四足獸龍科中適應力最強的品種之一。在各種不同的氣候區和環境都能夠發現他們的蹤跡。他們的保護狀況被列為「近危」，這意味著他們在人類聚落中被馴養的情況較為少見。

品種資料

Drakus imperatorus

身長：14英呎（4公尺）
分布區域：世界各地
特徵：背脊上平整的小型尖刺、短小的鼻角
棲息地：草原、開闊的平原、乾燥的氣候區
食性：小型哺乳類動物、齧齒類動物、爬蟲類動物
其他俗名：黑色馬鬃刷、沙漠鱷魚
保護狀況：近危

地獄獸龍 PIT DRAKE

在所有被孵育來進行鬥龍活動的品種中，最為知名的就是地獄獸龍了。世界上許多國家都立法禁止孵育地獄獸龍。自羅馬時期起，地獄獸龍就因為其體型和力量而被視為可畏的戰士。其實這個品種的天性並不好鬥，而且能夠成為人類忠實的夥伴。

品種資料

Drakus barathrumus

身長：4英呎（1.22公尺）

分布區域：世界各地

特徵：蹲坐的姿勢、強健的軀體

棲息地：沼澤地

食性：兩棲類動物、蛇類、鳥類

其他俗名：來自地獄、競技場鬥龍、食肉龍

保護狀況：近危

派爾獸龍
PYLE'S DRAKE

派爾獸龍的許多次品種出現在大西洋兩岸的溫帶氣候區。牠們最早是在北美洲被發現，後來被人類帶到了地中海區域。派爾獸龍擅長挖掘，在歷史上，人類藉由牠們的幫助來獵捕那些掘地而居的哺乳類動物，例如老鼠和狼獾。

品種資料

Drakus gargoylius

身長：500英呎（152公尺）

分布區域：大西洋流域

特徵：高聳拱起且帶尖刺的背脊、一對朝前的頭角、軀體上的條紋

棲息地：草地

食性：哺乳類動物、齧齒類動物、爬蟲類動物

其他俗名：公牛獸龍、有角的霍華德、食肉龍、利河伯公羊

保護狀況：易危

伊絲塔獸龍 ISHTAR DRAKE

我們所知最早接受人類馴化的獸龍是現在已經滅絕的伊絲塔獸龍。下方的重建圖是根據伊拉克伊絲塔門上對這種古代獸龍的描繪，那是人類所知最古老的龍族形象描繪（約製作於西元前3000年）。類似品種的木乃伊也在許多埃及法老的陵墓中被發現。一般相信，所有當代的獸龍都是由伊絲塔獸龍的後代。

品種資料

Drakus ishtarus

身長：6英呎（2公尺）

分布區域：北非、阿拉伯半島和中東

特徵：苗條的軀體和修長的頸部

棲息地：濕地和河岸

食性：魚類、鱷魚、鳥類

其他俗名：神之紋龍

保護狀況：滅絕

魏氏獸龍
WYETH'S DRAKE

關於魏氏獸龍的首次記載出現在早期探險家的航海日誌中。他們是在新大陸最早被發現的獸龍品種之一。在成為西部居民的獵捕對象之後，他們的數量急速減少，現在已經變得極為罕見。目前的個體數量已經下降到了非常危急的程度。魏氏獸龍在某些國家受到保護，而在其他地方則是已經完全沒有牠們的蹤跡。

品種資料

Dracus brandywinus

身長：7英呎（2公尺）

分布區域：中美洲、南美洲

特徵：碩大的鼻上尖角、背脊上長短不一的尖刺

棲息地：沼澤地、微鹹的水灣

食性：魚類、哺乳類動物、爬蟲類動物

其他俗名：棕土獸龍

保護狀況：極危

破城獸龍 SIEGE DRAKE

競速獸龍 RACING DRAKE

品種資料

Drakus bellumus

身長：16英呎（5公尺）

分布區域：歐亞大陸、北美洲西北部

特徵：短頸、碩大的軀體、四肢後方長有四支尖刺

棲息地：乾燥的岩石地帶

食性：小型哺乳類動物

其他俗名：戰獸龍、Kriegsdrakkon（德語中「戰爭龍」的意思）

保護狀況：易危

在十九世紀之前，人類孵育像破城獸龍這樣大型的品種用於戰爭之中。牠們除了能夠拉動戰車與火砲之外，也偶爾會載運傷兵撤離戰場。

品種資料

Drakus properitus

身長：6英呎（2公尺）

分布區域：亞洲、澳洲、非洲

特徵：修長的四肢與較高的後半身、不顯著的背脊、鳥喙般的上下顎

棲息地：乾燥的草原

食性：腐肉

其他俗名：疾龍

保護狀況：近危

時至今日，人類依舊持續孵育這種小型敏捷的獸龍。牠們奔跑的速度可比印度豹，也因此成為競速運動的主角。在過去許多文化中，龍族競速運動是很成功的產業。但是近年來針對動物保護的研究與措施揭露了這種運動對龍族生物可能造成的危害，龍族競速的熱度也大幅度地降低。

多頭龍
鉛筆與數位繪圖
尺寸：14英吋 × 22英吋（36公分 × 56公分）

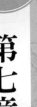

第七章：多頭龍

多頭龍 HYDRA
Draco hydridae

基本型態

多頭龍科是龍族綱中最獨特的一支，包和了多種不同的品種。牠們都擁有多個如蛇般的頸部和頭部，這就是所謂的「多頭蛇型態」（Hydradraciforms）。多頭龍科出生時只有兩個頭，但是在成長的過程中會不斷生長出新的頭部，以提高進食的效率。如果任何頭部遭受傷害或破壞，牠們能夠重生出新的頭部。多頭龍在一瞬之間如魔法般長出新的頭其實是誇張的描述；一般來說，牠們必須要花上一年的時候來重生頭部。多頭龍科棲息在水域附近，運用各個頭部來獵捕魚類和其他小型獵物。

多頭龍的頭部
多頭龍居住在黑暗的沼澤中。牠們的視力極差，所以通常在夜晚藉由臉上如觸手般的觸鬚來偵測周遭的環境並且捕捉獵物。

多頭龍的棲息地
多頭龍通常在大型河流附近築巢。近年來，由於人類聚落的發展和水壩的興建，多頭龍的棲息地遭到破壞，牠們也成為了受到威脅的物種。

多頭龍的蛋
尺寸：10英吋（25公分）
多頭龍並沒有照顧幼龍的習性。在產下一窩龍蛋之後，牠們就會離去，任由後代自生自滅。多頭龍的幼龍時常會自相殘殺以奪取食物。撫育行為的缺乏也解釋了多頭龍數量的稀少。

勒拿多頭龍的體型較小，身長通常介於10至20英呎（3至6公尺）之間。牠有著缺少四肢的蛇形軀體，所以時常被誤以為是無翼蛇龍的一種（詳見第十章），事實上牠還是屬於多頭龍科。

別名那迦的印度多頭龍和又被稱為八岐大蛇的日本多頭龍都居住在海邊，獵捕鹹水浪潮和河口裡的貝類生物。

賽伯路斯龍也是較為小型的多頭龍品種，常常與獸龍（詳見第六章）甚至犬科動物混為一談。事實上牠們也是如假包換的多頭龍。賽伯路斯龍的特殊之處在於，牠們出生時就擁有三個頭，而且不會再長出新的頭部。賽伯路斯龍生活在開闊的草原上，有時候會被人類捕捉馴養成守衛，拴在建築物的門口。牠們的三個頭部都隨時保持高度的警覺。與其他多頭龍科的成員不同的是，賽伯路斯龍能夠以獵犬般的咆哮來對主人發出警告。

到目前為止，沒有任何文獻中有提到具飛行能力的有翼多頭龍。人們一般相信，擁有這樣詭異構造的生物不但醜惡，更不可能真的在空中飛行。但是一些多頭龍專家依舊不斷在尋找可能隱藏在世界上某個角落的有翼多頭龍。

行為模式

從遠古時代以來，人們就相信多頭龍會對人類和家畜造成危害，牠們也因為這樣的偏見而遭到獵殺。多頭龍因此逐漸從原來在尼羅河三角洲和地中海島嶼的棲息地中消失。雖然大型的個體確實會襲擊家畜，但是大部分的多頭龍主要以「垂釣」的方式進行狩獵，等待獵物自投羅網到牠如觸手般的多條蛇頸之間。多

頭龍有著碩大堅實的軀體，能夠抵禦如鱷魚等其他掠食者的攻擊。不過這也讓牠們成為行動緩慢的笨重生物，時常會待在巢穴中達數週之久。

多頭龍的智力是出了名的低落，與其巨大的體型相比，每一個頭部的腦容量可說是微不足道。多頭龍的每一個頭都能夠進行獨立的動作，所以當其中幾個頭部在休息時，其他的頭部也能夠持續進食。

當多頭龍在河岸邊或內海等待獵物上門時，會攻擊任何進入頭部所及範圍的物體。許多的觀察記錄也指出，同一隻多頭龍的各個頭部會互相搏鬥，時常會造成受傷甚至其中一個頭部的死亡。

在冬季期間，北部的公牛龍會挖掘地洞，在裡面進行冬眠。而居住於亞熱帶和熱帶地區的勒拿多頭龍、那迦以及日本多頭龍則是活動如常。

歷史

在藝術史上，多頭龍是最常成為描繪對象的龍族生物之一，幾乎在每一個文化中都能夠看到牠們的身影，出現在希臘古甕、古典鑲嵌圖案、伊斯蘭捲軸和雕像、佛教壁畫和中世紀手稿、繪畫和版畫中。除了因為與大力士赫克琉斯（Hercules）大戰而聞名的勒拿多頭龍之外，還有許多關於多頭龍的其他描述。在日本神話中，海神英雄素盞鳴尊以八個大酒桶灌醉了八岐大蛇，然後將其斬殺。而在印度神話裡，天神毗濕奴在那迦的頭頂上起舞。在基督教信仰中，〈啟示錄〉裡描述的七頭怪獸據說是源自於歐洲公牛龍的形象。

多頭龍的腳掌
蹼狀的腳掌能夠幫助多頭龍在棲地柔軟泥濘的土地上支撐住碩大的身體。

歐洲公牛龍
EUROPEAN BULL HYDRA

歐洲公牛龍是西方文化中最知名的多頭龍品種。在許多英雄故事中，歐洲公牛龍憑藉著巨大的身軀、無數的頭部和喜怒無常的天性而成為可怕的反派角色。由於先天脆弱的骨骼構造，殘存的公牛龍個體並無法再存續超過一個世代。如今，牠們只能活躍在藝術作品和傳說故事中。

品種資料
Hydridae rhonus

身長：30英呎（9公尺）

分布區域：歐洲、中東、中亞

特徵：蛇形的身軀與多個頭部

棲息地：溫帶至熱帶氣候區、河道、濕地

食性：魚類、其他小型獵物

其他俗名：隆河多頭龍（Rhone，歐洲的主要河流之一）、星龍

保護狀況：滅絕

游泳中的多頭龍
儘管在陸地上粗重笨拙，多頭龍在水中可說是游泳健將。空心的骨骼賦予牠們高度的浮力，能夠游過許多交會的河道，徜徉在自己的水域地盤中。

日本多頭龍
JAPANESE HYDRA

　　日本多頭龍又被稱為八岐大蛇，是多頭龍科所有品種中最罕見的一種。牠們曾經一度在日本南方島嶼、沖繩和南韓的河流中繁衍。這種生性謹慎的龍族生物以河床為家，潛伏在河流邊的岩石和樹木之間，運用多頭來沿著河岸捕食魚苗和昆蟲。日本多頭龍幾乎沒有自然天敵，牠們也成為日本人民心中代表大自然生態系生生不息的象徵。

　　如今，人類工業化的發展、水壩、發電廠和橋樑的興建，以及九州島上筑後河畔的工業興起摧毀了日本多頭龍大部分的棲息地。日本政府在福岡市為多頭龍建立了龍族生物保護區。現在，我們也能夠在京都和沖繩的動物園中看到多頭龍。這些機構已經開始執行「龍族物種存續計畫」，希望能夠將多頭龍重新引入野外的環境。

品種資料

Hydridae chikugous

身長：10英呎（3公尺）
分布區域：日本南部、南韓
特徵：明亮的紅色與黑色條紋
棲息地：河流
食性：小型爬蟲類動物、魚類
其他俗名：八岐大蛇
保護狀況：極危

賽伯路斯龍
CEREBRUS HYDRA

　　賽伯路斯龍現在僅僅存在於人類的養殖場中。許多龍族生物學家都認為賽伯路斯龍根本不是自然物種，而是由多頭龍和四足獸龍所雜交孵育出的人工品種。這種多頭龍早在古希臘時期就已經出現在文獻記載中，究竟牠們是野外生物還是人類刻意選擇培育出的動物？這已經是一個無法解開的謎題。

　　賽伯路斯龍與其他多頭龍品種有很大的差異。牠們能夠發出如獵犬般的咆哮聲。除此之外，牠們一出生時就擁有三個頭，而且不會再生長出新的頭部。

　　如今，這種罕見的兇猛多頭龍成為少數富有收藏家和養殖場主人的寵物，在世界各地的動物園和自然公園也能夠見到少數的個體。賽伯路斯龍也被孵育用來作為非法鬥龍的工具。世界龍族保護基金會每年都努力尋找那些落入鬥龍場的賽伯路斯龍，試圖終結這個殘忍的歪風。

品種資料
Hydridae cerebrus

身長：6英呎（2公尺）
分布區域：地中海北部、希臘、阿爾巴尼亞、土耳其
特徵：短小堅實的軀體、三個頭
棲息地：山丘、草地
食性：小型哺乳類動物、齧齒類動物
其他俗名：獵犬守衛者
保護狀況：野外滅絕

梅杜莎龍
MEDUSAN HYDRA

　　梅杜莎龍棲息於沼澤地和受潮汐影響的流域。牠們會埋身在泥地裡，隱藏自己碩大的身軀，並且運用頭部捕捉鰻魚、小龍蝦和其他經過的小型動物。在一些傳說故事裡，梅杜莎龍常被誤認為一整窩的蛇。因為人類的誤解與恐懼，牠們已經被獵殺至瀕臨絕種的地步。

品種資料
Hydridae medusus

身長：10英呎（3公尺）
分布區域：地中海水域、非洲、印度
特徵：群聚在蠕蟲般身軀上的小型蛇頭
棲息地：沼澤地、潮汐流域
食性：鰻魚、小龍蝦、其他小型動物
其他俗名：蛇窩
保護狀況：極危

有翼多頭龍
WINGED HYDRA

　　一般相信，有翼多頭龍是一種原產於東歐地區的三頭飛龍，已經於十六世紀左右滅絕。

品種資料
Hydridae wyvernus

身長：30英呎（9公尺）
翼展：40英呎（12公尺）
分布區域：亞洲和東歐的高加索山脈
特徵：一對翅膀、三個紅色的頭
棲息地：岩石地、山區
食性：未知
其他俗名：斯拉夫龍
保護狀況：滅絕

印度多頭龍 INDIAN HYDRA

印度多頭蛇是多頭蛇科中的大型品種。牠們大部分的時間都在流動速度緩慢、水質混濁的亞洲河流裡遊蕩。在印度次大陸和東南亞文化裡，多頭蛇被稱為那迦（Naga），是代表土地富饒的象徵。這個信仰的來源也許是因為有大量食物來源的健康河流總是會吸引印度多頭蛇的造訪。

品種資料

Hydridae gangus

身長：30英呎（9公尺）
分布區域：南亞、印度、緬甸、泰國
特徵：具有頭冠的紅色頭部
棲息地：河流、湖泊
食性：魚類、小型哺乳類動物、爬蟲類動物
其他俗名：那迦
保護狀況：瀕危

海生多頭龍 MARINE HYDRA

勒拿多頭蛇
LERNAEN HYDRA

勒拿多頭蛇生活在樹枝之間，垂下頭部來捕食獵物。牠們能夠數個小時維持靜止不動，等待出擊的時刻。在面對較大型的獵物時，牠們可能會一次出動所有的頭部來制服對方。

多頭龍的骨骼
多孔且具有高度滲透性的特殊骨骼構造能夠促進多頭龍的再生能力。

品種資料
Hydridae lernaeus

身長：20英呎（6公尺）
分布區域：地中海島嶼
特徵：多個蛇頭、蛇形的身軀
棲息地：樹木頂端
食性：魚類、小型齧齒類動物、鳥類
其他俗名：纏蟲
保護狀況：極危

幾乎所有多頭龍科的品種都居住在水域旁獵捕魚類，並且具備程度不同的游泳能力，只有海生多頭龍是終生生活在鹹水中，擁有橫跨海洋的長泳能力，而且只有在產卵時會離開海水。牠們進化出蹼狀的腳掌以及大型的肺部來產生浮力，徜徉在南太平洋的熱帶淺水海礁捕捉熱帶魚類和貝類。海生多頭龍時常需要與鯊魚等其他大型掠食者競爭，牠身上的鱗甲和多頭能夠嚇阻敵人的攻擊。

品種資料
Hydridae oceanus

身長：20英呎（6公尺）
分布區域：美拉尼西亞群島
特徵：多頭的海生龍族
棲息地：淺水海礁
食性：魚類
其他俗名：海洋多頭龍、菲氏多頭龍
保護狀況：瀕危

索諾蘭蛇妖
鉛筆與數位繪圖
尺寸：14英吋 × 22英吋（36公分 × 56公分）

第八章：巴西里斯克蛇妖

巴西里斯克蛇妖 BASILISK

Draco lapisoclidae

基本型態

生活在世界各地的沙漠地帶、擁有八足和劇毒的蛇妖是龍族生物中最特殊的科之一。

蛇妖屬於無飛行能力的陸生龍目（Terradracia）。這種多足的爬蟲野獸身長大約10英呎（3公尺），以能夠透過目光石化敵人的能力聞名。好幾個世紀以來，這個魔法般的能力在神話與文學作品中被戲劇化和誇大。事實上，蛇妖的注視並不能石化敵人，其中也沒有任何魔法的存在。在蛇妖的眼角處有一個毒腺體，能夠噴射出神經毒素（這個機制與北美洲的角蜥相似）來癱瘓獵物。

人們很容易會將巴西里斯克蛇妖與南美洲的雙冠蜥屬混為一談。這些小型的蜥蜴與鬣蜥蜴相同，都是屬於爬蟲綱，而非龍族綱。

蛇妖的感覺器官與鱷魚類似，能夠提高皮膚的感知

蛇妖的眼睛

在許多描述中，蛇妖像蜘蛛一樣擁有多對的眼睛。但是其實真正的眼睛只有一對，其他都是眼狀斑點。蛇妖的眼狀斑點多達八對，具有偵測地面震動和定位獵物的功能。

蛇妖的棲息地

蛇妖的分布遍及世界各地的沙漠地帶，特別是南加州、德州和中美洲的沙漠洞穴。

蛇妖的腳掌

蛇妖擁有四對強而有力的寬大腳掌，能夠快速地在沙地上挖掘。他們能夠在一分鐘之內挖出3立方英呎（85公升）的泥土，在地底挖掘出精密的巢穴和通道。

能力，在黑暗中偵測到獵物的動態。

行為模式

多足的蛇妖行動笨重緩慢。牠們的腳掌能夠靈巧地挖掘土地來建造地下巢穴，並且耐心地守株待兔，伏擊獵物。這些地下洞穴也能夠保護蛇妖不受周遭環境的極端氣溫傷害。雖擁有致命目光的恐怖傳說，但蛇妖的視力其實奇差無比，與全盲相去不遠。牠們依靠鼻上的知覺孔洞來偵測獵物。

蛇妖的咬擊十分危險，牠的牙齒能夠注射與眼腺相同的神經毒素。這種帶有劇毒的龍族生物通常有著寬大的明亮條紋，警告其他大型掠食者自己身懷劇毒。同時，蛇妖也身披厚重的鱗甲，保護牠們不受敵人攻擊的傷害。

蛇妖是獨居動物，雌性蛇妖能夠一次產下多達六枚龍蛋，平均壽命大約二十年。

歷史

由於蛇妖的原生地是阿拉伯和非洲的偏遠沙漠，古典與中世紀時期歐洲關於蛇妖的記載大多並不完整且可信度低。

當時的奇獸誌（bestiaries）時常將蛇妖與雞蛇互相混淆（詳見第一章）。甚至到了二十世紀早期，這樣的錯誤還屢見不鮮。

在過去，蛇妖的棲息地一度人跡罕至。但是隨著人類聚落擴張到沙漠地帶，蛇妖造成的攻擊事件變得十分常見。在美墨邊界的德州大彎曲國家公園（Big Bend National Park），每年都有將近一百件蛇妖攻擊致死的案例。公園中的群警認為，由於偏遠地區的攻擊事件往往沒有通報，實際上的死亡數字可能更高。

蛇妖的蛋
尺寸：8英吋（20公分）
蛇妖的蛋能夠抵禦惡劣的環境。

危險的掠食者
蛇妖通常會安靜地潛伏等待獵物上門。牠們能夠偵測到遠達328英呎（100公尺）的動態。在沙漠中的旅客必須要提高警覺。

索諾蘭蛇妖
SONORAN BASILISK

分布於美國南部和墨西哥的索諾蘭蛇妖是蛇妖科中最大型也最常見的品種。儘管體型龐大，在白天時牠們不會出現在開闊的區域，而是喜歡躲在岩石之間或沙地裡。

品種資料
Lapisoclidae incustambulus

身長：12英呎（4公尺）
分布區域：美國西南部、墨西哥
特徵：管狀的身軀、帶尖刺的背部
棲息地：沙漠
食性：肉食
其他俗名：石眼龍
保護狀況：近危

斯澤雷奇蛇妖
STRZELECKI BASILISK

斯澤雷奇蛇妖原產於澳洲內陸，首次記載出現於1860年羅伯特・歐哈拉・柏克（Robert O'Hara Burke）與威廉・約翰・威爾士（William John Wills）的探險日誌中。牠們在生物分類的拉丁學名來自於居住在澳洲南部艾爾湖（Lake Eyre）盆地中斯澤雷奇和辛普森沙漠的楊德魯旺達（Yandruwhanda）原住民部落。在十九世紀，斯澤雷奇蛇妖遭到英國殖民者的獵殺而瀕臨絕種。牠們在二十世紀晚期被列為瀕危物種並且受到保護，現在已經回升到勉強能夠存續的數量。

品種資料
Lapisoclidae yandruwhandus

身長：10英呎（3公尺）
分布區域：澳洲
特徵：笨重的尾巴、嬌小的前肢
棲息地：沙漠
食性：肉食
其他俗名：柏氏蛇妖、澳洲蛇妖
保護狀況：瀕危

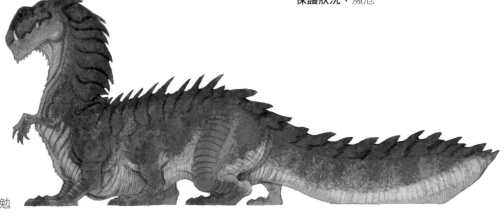

撒哈拉蛇妖
SAHARAN BASILISK

　　身形碩大修長的撒哈拉蛇妖式行動迅捷的獵手。他們潛伏在撒哈拉沙漠中變換多端的沙丘之間，隨時準備突襲獵物。撒哈拉蛇妖的身體較索諾蘭蛇妖更長，但是體重較輕。他們通常蹲伏在沙地之下，感應著其他動物經過造成的震動。撒哈拉蛇妖輕盈的身體讓他們能夠在沙地上長途移動，而不至於陷入流沙中。

品種資料
Lapisoclidae solitudincursorus

身長：20英呎（6公尺）
分布區域：北非
特徵：細長的軀體、四對腳、頭冠
棲息地：沙漠深處
食性：蜥蜴、小型哺乳類動物
其他俗名：沙漠奔襲者
保護狀況：瀕危

戈壁蛇妖
GOBI BASILISK

　　戈壁蛇妖又被稱為洞穴蛇妖，是蛇妖科中體型最小的品種。他們原生於中國戈壁沙漠的岩石地帶，通常在岩壁上或洞穴裡築巢。戈壁蛇妖會藏身在巢穴裡，用細長的舌頭捕食昆蟲、小型蜥蜴甚至蝙蝠。和其他同科成員一樣，戈壁蛇妖的視力極差，必須要依靠眼狀斑點來偵測空氣中的動態和溫度來鎖定獵物。他們的唾液帶有神經毒素，能夠癱瘓獵物和擊退其他掠食者。

品種資料
Lapisoclidae sagittavenandii

身長：6英呎（2公尺）
分布區域：中國中部
特徵：四對腳、具抓握能力的細長尾巴
棲息地：戈壁沙漠中的岩石洞穴和溝渠
食性：昆蟲、小型爬蟲類動物、鳥類
其他俗名：飛箭獵手、洞穴蛇妖
保護狀況：瀕危

塔爾沙漠蛇妖
THAR BASILISK

　　雜食性的塔爾沙漠蛇妖生性溫馴、行動緩慢，並不會對人類和家畜造成威脅。牠們通常在阿拉伯半島和印度的沙地裡挖掘，植物的根和塊莖是其主要的食物來源。

　　塔爾沙漠蛇妖的分布範圍曾經從現在屬於沙烏地阿拉伯的沙漠延伸到印度的塔爾沙漠。十字軍東征時期，絲路貿易通道的開啟也讓蛇妖的傳說流傳近歐洲，進而出現在中世紀的奇獸誌裡。從羅馬帝國、土耳其帝國、波斯帝國到大英帝國，塔爾沙漠蛇妖都是最受歡迎的獵捕目標。將蛇妖用於競技場搏鬥能夠追溯到羅馬皇帝提貝里烏斯（Tiberius）的統治時期。在1903年，塔爾沙漠蛇妖一度被列為已滅絕物種，直到1947年美國自然科學研究中心的探險人員在西印度發現了一頭活生生的個體。

　　如今，透過保護區和保育團體的努力，塔爾沙漠蛇妖已經在一些原棲地恢復到能夠存續的數量。世界各地的動物園也與「龍族物種存續計畫」合作，致力於孵育更多的個體，維持牠們的保育狀況。

品種資料
Lapisoclidae armisfodiensus

身長：8英呎（2.5公尺）

分布區域：中東、巴基斯坦、印度

特徵：高高隆起的拱形背部、從背部延伸到尾巴的多層大型鱗片、短尾

棲息地：沙漠

食性：植物的塊莖、根部、菌類、昆蟲

其他俗名：阿拉伯蛇妖、拉惹蛇妖（Raja，印度教國家中對君主的稱呼）、披甲挖掘者、蘇丹蛇妖

保護狀況：極危

伊特納火蜥
AETNA SALAMANDER

數個世紀以來，人們相信伊特納火
蜥與西西里島上雄偉的火山有著密切
的關係。牠們喜歡新鮮的火山灰和零
散的岩石，偏好在剛剛噴發過的火山
地上築巢。當人們試著在火山爆發後
從灰燼裡重建家園時，常常會與伊特
納火蜥偶遇。伊特納火蜥逐漸轉移棲
地到人類的聚落，許多建築工程也常
因為牠們活動而暫停。

品種資料
Volcanicertade erumperus

身長：20至30英吋（51至76公分）
分布區域：西西里島、突尼西亞海岸
特徵：鉗狀的強壯上下顎
棲息地：富有地熱活動的土地
食性：昆蟲、小型哺乳類動物、橄欖
其他俗名：卡塔尼亞爬行者
保護狀況：瀕危

維蘇威火蜥
VESUVIUS
SALAMANDER

維蘇威火蜥無論在水中或山丘上都能夠適應生活。牠們喜歡穿梭於義大利西海岸溫暖的火山地帶，夏天時則會在第勒尼安海（Tyrrhenian Sea）中進行掠食活動。巨大高聳的背鰭能夠幫助牠們在水流中行動自如。冬天時，維蘇威火蜥會移動到地熱活動頻繁的高溫地帶進行交配。

品種資料
Volcanicertade Tyrrhennius

身長：18至22英吋（46至56公分）

分布區域：義大利中部的西海岸

特徵：高高隆起的背鰭、鼻上的一支尖角

棲息地：岩石海岸

食性：海鳥、貝類

其他俗名：航海背鰭龍

保護狀況：近危

富士火蜥
FUJI SALAMANDER

我們切勿將富士火蜥與屬於亞洲龍科的富士龍互相混淆。這兩者之間的關係僅限於同樣的產地。富士火蜥通常會避開光亮，偏好生活在地熱噴發的高溫區域，牠們會深深挖掘進火山和蒸氣噴口的裂縫之中。在日本鐮倉時代（西元1185年到1333年）和室町時代（西元1336年至1573年），傳說富士火蜥的肉和骨頭是能治百病的靈藥，這種龍族生物也成為了人們趨之若鶩的珍品。

品種資料
Volcanicertade aestu ignis

身長：12至14英吋（30至36公分）

分布區域：日本、菲律賓海

特徵：槳狀的厚重尾巴、碩大的頭冠

棲息地：火山海岸區域

食性：昆蟲

其他俗名：駿河火蜥

保護狀況：近危

基拉韋火蜥
KILAUEA SALAMANDER

基拉韋火蜥屬於蛇妖科中的火山蜥蜴亞屬（Volcanicertidus）。這個品種體型嬌小，身長通常不超過12英吋（30公分），大多生活在如夏威夷火山區的極高溫環境中。火山蜥蜴亞屬的蛇妖品種能夠抵抗高溫達華氏800度（攝氏427度）。幾乎沒有任何掠食者能夠侵入這樣極端的環境，所以火蜥能夠安全地待在棲地內。

品種資料
Volcanicertade incendiabulus

身長：8至12英吋（20至31公分）

分布區域：夏威夷

特徵：如鳥喙的尖銳上下顎、從頭部延伸到尾巴的多層鱗片

棲息地：火山區域、營火或火爐中

食性：腐食

其他俗名：觸蟲、庫克爬蟲

保護狀況：無危

雲龍
鉛筆與數位繪圖
尺寸：14英吋 × 22英吋（36公分 × 56公分）

極地龍 ARCTIC DRAGON

Draco nimibiaqidae

基本型態

極地龍科包含了所有不具飛行能力、身披毛皮的龍族品種。牠們有著蛇形的軀體，徘徊在北極圈以北的冰凍荒原上，獵食海豹、小型鯨魚甚至北極熊。雖然極地龍科在外觀上與亞洲龍科極為相似（詳見第二章），從生物學的觀點來看，兩者依舊大不相同。極地龍身上長有毛皮，並且缺乏亞洲龍特有的翅膀摺邊。極地龍的身軀由厚重的脂肪和毛皮所包覆，牠們的體色能夠融入周遭的環境，以利伏擊獵物。在毛皮之下，牠們也長有複雜的鱗片。極地龍在全球的棲地包括了加拿大北部和西伯利亞凍原，但是有一些品種也往南遷徙到了中國和美國北部。

極地龍的頭部

極地龍的棲息地
中國北方、俄羅斯和北美洲的冰凍荒原都是極地龍的自然棲息地。

極地龍的蛋
尺寸：8英吋（20公分）
在秋天時，極地龍會移動到南邊來產卵，在較溫暖的區域等待冬天過去。在幼龍於春天孵化之後，就會和母龍一同回到北方的獵場。

龍等其他大型掠食者。極地龍也在大眾文化中扮演重要的角色：1984年的電影《永不完結的故事》（The Neverending Story）中的福龍法爾克（Falkor the Luck Dragon）和動畫影集《降世神通》（Avatar: The Last Airbender）中的阿霸（Appa）都可能是以極地龍為靈感來源。雖然在這些作品中極地龍都是扮演人類寵物或同伴的角色，在現實世界裡，牠們依舊是最危險的動物之一。

行為模式

在北極氣候中生存是一項艱困的任務。極地龍科中大部分的品種都是雜食性，盡可能地攝取所有的食物來源。體型較大的極地龍品種會於冬天時在雪地上挖掘出巢穴作為冬眠的居所。牠們也是狡猾的獵手，能夠巧妙地運用雪霧和山峰上的雲層才隱藏自己的蹤跡。在視線不良的情況下，極地龍仰賴嗅覺和長長的觸鬚來狩獵。如此一來，即使是在暴風雪中，極地龍也能高效地進行獵食。許多亞洲的藝術作品都傳神地描繪出極地龍在雪地上或雲中寂靜地來去自如的美麗形象。

歷史

極地龍的毛皮美觀柔軟且有極佳的隔冷隔熱效果，在市場上能夠賣到很高的價錢。世界各地的北方文化都對極地龍懷有一份敬畏，甚至認為牠們擁有超自然的力量。在中國，人們相信風暴龍會帶來繁榮與好運，因為牠們的到來會嚇阻野狼和飛

極地龍的腳掌
極地龍擁有碩大帶蹼的腳掌，與北極熊相似。其彎曲的長爪是抓捕獵物的理想工具。

極地龍的毛皮
毛皮是極地龍獨有的構造。每一個鱗片都會長出一撮毛，形成厚重的毛皮為牠們抵禦極端的氣候環境。

斯拉夫龍
ZMEY DRAGON

這種白色的極地龍品種曾經繁衍興盛，棲地往西擴展到達莫斯科之遠，這也是牠們的名字「斯拉夫龍」的由來（Zmey是俄語中的「龍」）。如今，斯拉夫龍的分布範圍僅限於中國、西藏和不丹的北方領土。白色極地龍是不丹的國家民族象徵，牠的形象也飛舞在不丹國旗上。斯拉夫龍一度是統治北方高緯度區域的物種，但是現在牠們的數量已經大幅減少，野外的目擊紀錄也變得非常罕見。斯拉夫龍的毛皮是黑市中受歡迎的產品。政府和國際組織也開始採取措施保護殘存的斯拉夫龍，但是要在如此偏遠的艱困地理環境貫徹對盜獵的打擊，有著相當高的困難度。

品種資料
Nimibiaqidae bhutanus

身長：20英呎（6公尺）

分布區域：中國西部、俄羅斯、西藏、尼泊爾、不丹

特徵：白色的軀體和條紋、顯著的頭角

棲息地：高山區域

食性：麒麟、哺乳類動物

其他俗名：白龍、獨角龍、秋龍、西境龍

保護狀況：極危

麒麟 KILIN DRAGON

麒麟是極地龍科中亞洲獨有的品種，牠們在體型和棲地上都與大角羊頗為相似。

麒麟通常生活在高山之上，以保護自己的安全。牠們是靈巧的攀爬高手，能夠在突起的岩石之間跳躍，尋找食物和躲避大型掠食者。麒麟也是極地龍科中少數習於群居生活的品種之一。牠們會在高山上形成群體，彼此緊靠在一起取暖。

雖然麒麟生性害羞，不喜與人接觸，許多亞洲社群依舊將牠們視為好運的象徵。在亞洲，牠們也以作為傳說中巫師的伴侶而聞名。遁世在高山上的術士、僧侶和隱士時常會遇見麒麟，而在少數的案例中，牠們甚至能夠接受馴化。如今，麒麟的群體在中國北方和俄羅斯已經減少許多，但是在秋季時，人們偶爾還是能看見牠們在山間小道之間跳躍。

品種資料

Nimibiaqidae dracocaperus

身長：5英呎（1.5公尺）

分布區域：北亞、俄羅斯

特徵：從鼻子到尾巴的長鬃毛、長有長毛的腳掌

棲息地：北極圈內的山地

食性：雜食

其他俗名：中國獨角龍

保護狀況：瀕危

巨白麒麟 GREAT WHITE KILIN

1968年，俄羅斯的自然科學家在中國北方的祁連山上紀錄下了這種罕見且隱密的極地龍品種，這讓巨白麒麟成為最新被發現的龍族生物。

現在巨白麒麟也認為是全世界最可能會滅絕的物種之一。世界龍族保護基金會和國際龍族保育組織曾經不止一次將巨白麒麟列入滅絕物種。但是現在一般認為，依然有最多十二頭的巨白麒麟存活在野外。許多人相信巨白麒麟的頭角帶有魔法，能夠醫治百病，而提出了數百萬元的賞金。有鑑於此，中國政府努力採取措施來保護牠們不受盜獵者的傷害。到目前為止，還沒有任何組織嘗試在人類飼養的環境下繁殖更多的巨白麒麟。

品種資料

Nimibiaqidae dracocaperus-dujiaoshous

身長：8英呎（2.5公尺）

分布區域：北亞、俄羅斯

特徵：白色條紋、樹枝狀的鹿角

棲息地：北極圈內的亞高山地帶

食性：雜食

其他俗名：森林精靈、白色巨雄鹿、魯魯（Ruru，源自尼泊爾的一個小鎮名）

保護狀況：極危

庫克龍
COOKS DRAGON

在極地龍科中，庫克龍是能夠抵禦東俄羅斯和阿拉斯加的嚴酷環境和人類擴張而存活繁衍的品種之一。這個品種是庫克船長於1778年第三次西北太平洋和阿拉斯加探險時首次被發現，這也是其名稱的由來。

庫克龍主要的食物來源包括棲地中的馴鹿和北極熊。他們是山中冰洞為巢穴的獨居動物。但是在築巢、孵蛋和撫育幼龍期間，庫克龍會與異性伴侶同居，並且以有限的噴火能力保持龍蛋的溫暖。在幼龍成長完成，足以獨自離巢之後，庫克龍家庭就會解散，各自再去尋找新的伴侶。庫克龍的平均壽命與其他大型龍族生物相仿，約長達一百歲。

品種資料
Nimibiaqidae kamchatkus

身長：8英呎（2公尺）

分布區域：北環大西洋、堪察加半島（Kamchatka）、阿拉斯加

特徵：黑色的軀體和條紋

棲息地：北極圈內的高山地帶

食性：馴鹿、北極熊

其他俗名：霜龍、黑龍、冬龍、北境之龍、楚科奇龍（Chukchi，東俄羅斯的少數民族自治區）

保護狀況：瀕危

雲龍
CLOUD DRAGON

這種大型的無翼龍族生物是北方的王者。牠們大多數的群體都集中在格陵蘭的冰河之間。雲龍在龍族傳說故事中有著神話般的地位。雖然蹤跡極為罕見，但是牠們的存在與力量依舊透過那些到達其北方棲地的水手和探險家而流傳到人類的世界。根據最近的報告，雲龍似乎在拉布拉多的海岸新建立了一個新的小群體。

品種資料

Nimibiaqidae ryukyuii

身長：20英呎（6公尺）

分布區域：中國東部、日本

特徵：綠色與灰色的捲曲鬃毛

棲息地：熱帶海岸區

食性：熱帶魚類、其他海洋生物

其他俗名：青龍、綠龍、春龍、東方龍

保護狀況：極危

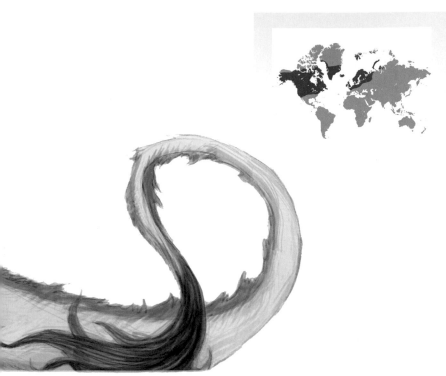

品種資料

Nimibiaqidae nebulus

身長：35英呎（11公尺）

分布區域：北美、北歐、格陵蘭

特徵：如蛇般的尾巴、灰色毛皮

棲息地：北極凍原

食性：海豹、鯨豚類動物

其他俗名：冰雪之王

保護狀況：極危

日本北方龍
HOKU DRAGON

　　日本北方龍曾經在中國東海的熱帶島嶼和日本擁有龐大的群體，如今牠們只存在琉球群島中少數幾個獨立島嶼上的保育區，並且受到嚴密的保護。隨著人類人口的成長，工業和戰爭毀壞了北方龍的棲息地，也減少了牠們的食物來源。因此在二十世紀，北方龍的數量急遽地下降。牠們是1973首批被列入瀕危名單的物種之一。

暴風龍 STORM DRAGON

罕見的暴風龍是極地龍科中體型最大的成員。他們時常出現在亞洲藝術作品之中，是繁榮與好運的象徵，更代表了中國皇帝的形象。數個世紀以來，暴風龍都與中國皇室有著緊密的關係，也活躍於許多中國文化多采多姿的傳說中。與近親雲龍相較，暴風龍有著更巨大如蛇般的軀體。由於棲息地的縮減，近年來暴風龍的目擊紀錄已經非常少見。

福龍 LUCK DRAGON

福龍的主要棲息地在中國南部，他們是極地龍科中兩種不居住在北極圈的品種之一。福龍原本的分布範圍包括了上海和香港，但是由於二十世紀人類的擴張，這些地方的福龍群體已經滅絕。如今，少數存活的野生個體生活在中國南部熱帶海南島上的山中森林保護區裡。

福龍的個性極為害羞，在野外也很少有目擊到他們的機會。觀賞福龍的生態觀光業在海南島很受到歡迎。人們會向福龍祈禱和祝福，希望願望成真。在歷史上，佛教僧侶相信這種謎樣的龍族生物是森林的守護者。

品種資料

Nimibiaqidae xishus

身長：15英呎（5公尺）

分布區域：中國南部

特徵：紅色條紋

棲息地：山中叢林

食性：鳥類、爬蟲類動物、小型哺乳類動物

其他俗名：赤龍、夏龍、紅龍、南方龍

保護狀況：極危

品種資料
Nimibiaqidae tempestus

身長：50英呎（15公尺）

分布區域：北亞

特徵：灰色鬃毛、比身體還長的尾巴

棲息地：北極棟原

食性：肉食

其他俗名：皇帝龍

保護狀況：極危

美洲榕樹蛇龍
鉛筆與數位繪圖
尺寸：14英吋 × 22英吋（36公分 × 56公分）

無翼蛇龍 WYRM

Draco ouroboridae

基本型態

　　龍族綱中最惡名昭彰莫屬於無翼蛇龍科了。在世界各地的人類文化中，無翼蛇龍都是最令人感到恐懼的生物。這種龍族生物最顯著的特徵就是缺乏翅膀和四肢，其中林德龍品種身上依然存在小型腿部退化的痕跡。無翼蛇龍的外觀就像是披了盔甲的巨蛇，能夠成長到超過50英呎（15公尺）的龐大體型。但是在經過人類大量的獵捕之後，目前無翼蛇龍的平均身長大約是25英呎（8公尺）。無翼蛇龍通常生活在河岸的沼地和鹹水的潮汐流域，牠們是包括短吻鱷在內各種鱷魚和多

無翼蛇龍的頭部和嘴巴
碩大的嘴巴能夠讓無翼蛇龍擴張咽喉，將獵物整隻吞下。長型的口鼻部中包含了大型的鼻腔，搭配感知靈敏的舌頭，賦予了無翼蛇龍卓越的嗅覺。

無翼蛇龍的棲息地
無翼蛇龍偏好溫帶至熱帶的氣候區，特別是低地和濕地。牠們會潛伏在這些區域靜待獵物的上門。

頭龍的天敵，同時也會獵食野豬和鹿等大型哺乳類動物。雖然無翼蛇龍不具備噴火的能力，但牠們能夠噴出劇毒的煙霧來癱瘓或致盲獵物，然後再一口吞下眼前的美食。

行為模式

　　無翼蛇龍是獨居動物，同時具有極為強悍狠毒的地盤意識。牠們會在深深挖掘河岸邊的大樹根部做為巢穴，然後潛伏其中等著捕食水中的獵物。無翼蛇龍能夠噴出一縷毒物來癱瘓獵物，讓牠們有時間以身體纏繞獵物。無翼蛇龍身軀強健的肌肉能夠緊緊纏繞、窒息並碾斃獵物，然後再將其一口吞下。東方的蛇龍品種通常會藏身在樹枝之間垂下身體，等待獵物經過。人們曾經在大型蛇龍的胃中發現牛羊等家畜的殘骸。其中一項報告甚至聲稱，一條超過100英呎（30公尺）的印度蛇龍胃裡有一頭大象的殘軀。

無翼蛇龍的蛋
尺寸：10英吋（25公分）
母龍會在樹根處一次產下四到六顆蛋，並且嚴密地守護它們。

歷史

　　世界各地的文化中都存在著以巨蛇為主角的久遠神話歷史。古希臘神話中被阿波羅斬殺的培冬（Python）、遠古北歐神話中的尼德霍格（Níðhöggr）以及聖經中的伊甸園之蛇都被認為是以無翼蛇龍為靈感來源。以上這些神話生物都是居住在樹木之間的巨蛇。無翼蛇龍對於早期居住在河邊聚落的人類文化來說可能構成可怕的威脅。其他被認為和無翼蛇龍有關的故事包括了亞瑟王傳說中的尋水獸（Questing Beast）和吞噬聖瑪格麗特（Saint Margaret of Antioch）的那條巨龍。無翼蛇龍吞食自身尾巴的形象在許多遠古宗教中有著精神上的象徵意義，這種圖形被稱為銜尾蛇（Ouroboros），代表著無限性和生命的循環。無翼蛇龍學名中的種名ouroboridae就是源自於此。

　　如今，無翼蛇龍科中的林德龍被列為瀕危物種，而美洲榕樹蛇龍則是在美國南部公開遭到獵捕。一般相信，非洲條紋蛇龍和印度蛇龍每年都造成河邊部落民眾數百件的攻擊致死事件，所以這兩個品種也是獵殺和捉捕的目標。無翼蛇龍的皮能夠用來製鞋或其他皮製商品。在許多古老的文化中，蛇龍的毒液被視為神聖的飲料，能夠讓飲下的人見到神秘的幻象。

無翼蛇龍的動態
蛇龍如鞭子般的尾巴和盤旋的蛇形身軀。

無翼蛇龍的牙齒
尺寸：3英吋（8公分）
無翼蛇龍有著與體型相稱的小型牙齒。這些牙齒並不是狩獵時的武器，而是進食時的工具，讓蛇龍能夠緊咬住獵物並且將其順利吞下。

歐洲帝王蛇龍
EUROPEAN KING WYRM

　　與美洲榕樹蛇龍和林德龍都有親戚關係的歐洲帝王蛇龍又被稱為巨蛇龍，大約於十五世紀時滅絕。某些個體的骸骨據說身長超過100英呎（30公尺）。歐洲帝王蛇龍很可能是蘭姆頓蛇龍（The Lambton Wyrm）傳說的基礎與靈感來源。

品種資料

Ouroboridae rex

身長：100英呎（30公尺）

分布區域：歐洲

特徵：藍色背脊、紅色眼睛、長長的觸鬚、短小的螺旋尖角

食性：肉食

其他俗名：巨蛇龍、天空藍蛇

保護狀況：滅絕

美洲榕樹蛇龍
AMERICAN BANYAN WYRM

美洲榕樹蛇龍在成熟時能長到50英呎（15公尺），他們是美洲短吻鱷少數的主要天然競爭對手之一。長久以來，美洲榕樹蛇龍都在美洲原住民部落中受到崇敬。在早期西班牙探險者進入現今的美國南部和中美洲時，榕樹蛇龍也在這些外來者之間建立如神話般的地位，其驚人的體型和速度令人聞風喪膽。如今，牠們在美國南部的廣大沼澤棲地中依舊不斷地為新的傳說故事添增題材。

品種資料

Ouroboridae americanus

身長：50英呎（15公尺）
分布區域：美國東南部、中美洲
特徵：藍綠色條紋、頭角
棲息地：沼澤地、濕地、河流
食性：肉食
其他俗名：河口蛇
保護狀況：無危

美洲榕樹蛇龍的骨骸
美洲榕樹蛇龍的骨骸與拉長的彈簧或線圈十分相似

非洲條紋蛇龍
AFRICAN STRIPED WYRM

　　非洲條紋蛇龍和其他蛇龍科中的近親一樣，是地域性強的大型蛇龍，通常居住在非洲的河岸邊。1873年，英國探險家大衛・李文斯頓（David Linvingstone）在非洲調查當地關於河邊巨龍的神話，然後首次將非洲條紋蛇龍記載進生物目錄中。非洲條紋蛇龍能夠長到如印度蛇龍的大小，而危險程度也不遑多讓。但是由於單一棲地上的數量不多，非洲條紋蛇龍並沒有像印度蛇龍那樣造成附近許多人類的傷亡。

　　非洲流域的居民會獵殺條紋蛇龍，因為牠們的皮、牙齒和毒液都能夠賣到很好的價錢。條紋蛇龍的肉也是許多原住民部落的主食。

品種資料

Ouroboridae kafieii

身長：100英呎（30公尺）
分布區域：中非、南非、馬達加斯加
特徵：橘色和黑色的條紋
棲息地：雨林、叢林、濕地
食性：肉食
其他俗名：虎蛇龍
保護狀況：無危

亞洲澤地蛇龍
ASIAN MARSH WYRM

亞洲澤地蛇龍與同科的其他成員一樣，喜歡生活在亞洲的河岸和沼澤裡。從背脊延伸到兩隻退化殘足的粗硬刺毛能夠讓蛇龍牢牢固定在挖掘出的洞穴裡。牠們藏身在充滿泥沙的河岸裡，等待其他動物接近，然後以強而有力的上下顎攫住獵物，將其一口吞下肚。

亞洲澤地蛇龍的獨特之處在於牠們能夠悠遊在大型鹹水水域中。這個特殊能力讓牠們能夠橫跨東南亞的各個半島，在海嘯和暴風雨等對棲地造成破壞的極端氣候中也足以生存。

在第二次世界大戰和越戰期間，亞洲澤地蛇龍被美國大兵稱為「地獄蛇龍」。日本士兵和北越士兵將澤地蛇龍當作武器，部署在濕地和稻田中，騷擾和伏擊來犯的美國軍隊。

品種資料
Ouroboridae nahanguisus

身長：50英呎（15公尺）

分布區域：東南亞、大洋洲

特徵：綠色的軀體、多次的皮膚表面、一對小型的退化前肢

棲息地：沼澤地、河流三角洲

食性：肉食

其他俗名：地獄蛇龍、鬥獸場蛇龍、湄公河巨蛇、那哈蛇龍

保護狀況：無危

歐洲林德龍
EUROPEAN LINDWYRM

好幾個世紀以來，林德龍都在其曾經居住過的國家中成為傳說和神話的主角。一般認為，林德龍的分布範圍包括義大利和愛爾蘭。和無翼蛇龍科中的其他品種相比，牠們的棲地較為寒冷，這也是牠們無法成長到和近親們相同體型的原因。林德龍的一對前肢能夠挖掘洞穴，以利於冬眠來度過歐洲的冬天。中世紀時歐洲的氣候變遷以及過度的獵捕，導致林德龍於大約1800年時滅絕。

印度蛇龍
INDIAN DRAKON

印度蛇龍是紀錄中最大型也最兇猛的地域性龍族生物之一，能夠成長到超過150英呎（45公尺）。這種巨大的蛇龍潛伏在印度和斯里蘭卡的河岸邊等待獵物上門，然後以驚人的速度和劇毒的吐息癱瘓獵物，再一口將其吞下。在印度次大陸上，印度蛇龍造成的人類死亡事件比其他任何動物都還要多，可說是世界上最危險的龍族生物。

任何運輸或著孵育印度蛇龍的行為都遭到政府當局的嚴令禁止。然而為了滿足歐美私人收藏家慾望而以幼小蛇龍為目標的非法盜獵者依舊橫行。那些在美洲野外被發現的印度蛇龍往往成長到極為危險的大小，並且成為了美洲榕樹蛇龍在當地生態系中的強力競爭者。

品種資料
Ouroboridae pedeviperus

身長：20英呎（6公尺）

分布區域：歐洲

特徵：修長的蛇形身軀、長長的口鼻部、一對退化前肢

棲息地：濕地、河流

食性：鳥類、蜥蜴、魚類

其他俗名：法夫納（Fafnir，北歐神話中的巨龍）、白蟲

保護狀況：滅絕

品種資料
Ouroboridae marikeshus

身長：100英呎（30公尺）

分布區域：南亞

特徵：厚重鱗甲覆蓋的蛇形身軀

棲息地：濕地、河流

食性：牛羊等家畜

其他俗名：阿加加利（Ajagari，印度烏特勞拉城鎮的一個村落）

保護狀況：無危

第十一章：羽蛇龍

南美羽蛇龍
鉛筆與數位繪圖
尺寸：14英吋 × 22英吋（36公分 × 56公分）

羽蛇龍 COATYL
Draco quetzalcoatylidae

基本型態

羽蛇龍科屬於有羽龍目
（Pennadraciformes）。羽蛇龍
長久以來都被視為僅存在於神話之
中，在牠們的棲息地，當地人民都將這種龍族生物
當作神祇來崇敬。在龍族綱中，羽蛇龍科是種類最
少的科之一，僅僅包括了數個批有羽毛但是無肢體
的品種。

埃及羽蛇龍生活在吉薩（Giza）的遠古廢墟周
圍，身上長有兩對金黃色和藍綠色的明亮翅膀。而
凰龍則是居住在波斯和美索不達米亞的紀念碑和神
廟裡，身披紅寶石般光彩奪目的羽毛，全身沐浴在
閃亮的緋紅色中。凰龍的蛋殼非常厚，用來保護幼
龍抵擋沙漠的酷熱和掠食者。

雄性羽蛇龍
頭冠上的羽毛和垂肉僅見於雄龍身上，是牠們吸引雌龍注意的
利器。

羽蛇龍的棲息地
南美羽蛇龍生活在南美洲的叢林深處，這樣與世隔絕的環境為該物種提供了相對安全的保護。

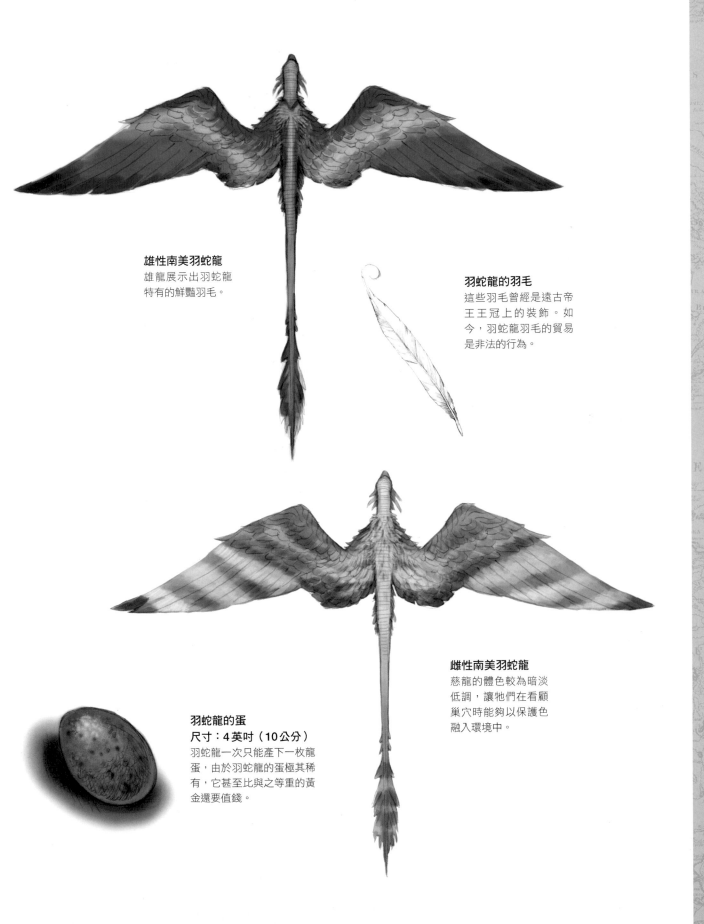

雄性南美羽蛇龍
雄龍展示出羽蛇龍特有的鮮豔羽毛。

羽蛇龍的羽毛
這些羽毛曾經是遠古帝王王冠上的裝飾。如今，羽蛇龍羽毛的貿易是非法的行為。

雌性南美羽蛇龍
慈龍的體色較為暗淡低調，讓他們在看顧巢穴時能夠以保護色融入環境中。

羽蛇龍的蛋
尺寸：4英吋（10公分）
羽蛇龍一次只能產下一枚龍蛋，由於羽蛇龍的蛋極其稀有，它甚至比與之等重的黃金還要值錢。

初生的凰龍無法以自己的力量打破蛋殼，必須藉由高溫的火焰來孵化，看起來就像是從火焰中誕生。在孵化的過程中，凰龍雙親會留在巢裡，一同被火焰所吞噬。由於這種繁殖方式有高度的風險，凰龍如今已經極為罕見，許多人相信牠們已經絕種。

行為模式

羽蛇龍喜歡在伯利茲和秘魯的阿茲提克和印加帝國廢墟中的石台和裂縫裡築巢。因此人們相信，牠們與這些中南美洲的古文明有著魔法般的關係。根據現代生物學家的研究，許多羽蛇龍科的品種確實與人類有著互利共生的關係。在古代，人類餵食並且保護羽蛇龍，將其視為神聖的動物；相對地，羽蛇龍則是替人類消滅各種的害蟲。

只有雄性的羽蛇龍擁有鮮豔的羽毛翅膀。數個世紀以來，這些美麗的羽毛都是盜獵者眼中無上的珍品，也導致了羽蛇龍數量的急速下降。羽蛇龍一次只能產下一枚龍蛋，平均壽命大約是五十五年。

歷史

數千年以來，羽蛇龍都被認為是神話中的生物。1513年，西班牙征服者迪耶哥・維拉斯奎茲・德庫耶拉爾（Diego Velázquez de Cuéllar）首次發現了羽蛇龍。最後一隻人類飼養的南美羽蛇龍在1979年死於秘魯的利馬動物園。阿茲提克文明中的宗教認為羽蛇龍是羽蛇神魁札爾科亞特爾（Quetzalcoatyl）在人世間的化身，這也是羽蛇龍科拉丁學名quetzalcoatylidae的由來。人們也相信羽蛇龍和1971年在德州發現的巨大有羽翼手龍化石之間有所關聯。

羽蛇龍曾經在阿茲提克和印加帝國裡繁衍興盛，但是十六世紀時歐洲動物和疾病的引入造成了其數量的下降，也毀滅了與之輝映的偉大古代文明。如今，國際羽蛇龍基金會致力重現這種古老生物的逝去風華。

南美羽蛇龍
SOUTH AMERICAN COATYL

　　南美羽蛇龍有著蛇形的大型軀體，身披著五彩繽紛的翅膀。牠們生活在南美洲大陸的古老廢墟和叢林裡，直到十九世紀才被西方探險家發現。這些被南美原住民視為神聖生物的羽蛇龍因為身上華麗鮮豔的羽毛而遭到大量獵殺而瀕臨滅絕。

　　如今，南美羽蛇龍是受到保護的物種。然而由於牠們棲息的叢林分布範圍廣大，有關當局很難發現並逮捕盜獵者。

品種資料
Quetzalcoatylidae aztecus

身長：6英呎（2公尺）
翼展：8英呎（2.5公尺）
分布區域：南美洲
特徵：明亮鮮豔的羽毛和頭冠、蛇形的身體
棲息地：山上的叢林、雨林
食性：小型哺乳類動物、蜥蜴、昆蟲、鳥類
其他俗名：飛箭、天空菱鏡
保護狀況：極危

埃及羽蛇龍
EPYPTIAN SERPENT

自遠古時代起，埃及羽蛇龍就定居於尼羅河北岸的綠洲，與人類有著近距離的接觸。埃及羽蛇龍擁有兩對金色與黃綠色條紋的翅膀，其美麗的形象時常出現在埃及法老王陵墓中的聖書體文字和珠寶上。牠學名中的拉丁文種名就是來自於埃及許多法老的名字拉美西斯（Ramesses）。1922年，一具有三千年歷史的埃及羽蛇龍木乃伊在新王國時期法老圖坦卡門（Tutankhamun）的陵墓中被發現。

如今，我們只能夠在開羅動物園裡看見世界上僅存的一對埃及羽蛇龍個體。這兩隻羽蛇龍分別以埃及豔后和她的羅馬將軍情人命名為克麗奧佩特拉（Cleopatra）與安東尼（Anthony）。雖然園方多次嘗試讓牠們交配，但是這對羽蛇龍始終無法順利產下龍蛋。因此許多專家認為，牠們將會是世界上最後的兩隻埃及羽蛇龍。

品種資料
Quetzalcoatylidae ramessesii

身長：6英呎（2公尺）
翼展：6英呎（2公尺）
分布區域：西北非
特徵：兩對有金色和藍綠色條紋、明亮鮮豔的羽毛、頭冠
棲息地：沙漠、河岸旁的綠洲
食性：小型哺乳類動物、蜥蜴、昆蟲
其他俗名：法老的龍、拉美西斯龍
保護狀況：野外滅絕

凰龍 PHOENIX

　　凰龍的蹤跡出現在數千年前的波斯帝國（現在的伊拉克）。就像其他羽蛇龍的近親一樣，凰龍與棲息地中的人類也維持著緊密的共生關係。根據古代文獻記載，凰龍是巴比倫國王尼布甲尼撒二世（Nebuchadnezzar II）在西元前七世紀所建造的空中花園中所珍藏的奇獸之一。

　　在伊拉克，凰龍在保育區內受到嚴密的保護。國際羽蛇龍基金會也致力於將人工孵化的幼小凰龍重新引入野外。然而，該地區頻繁的武裝衝突持續地威脅著這個瀕臨滅絕的物種。

品種資料

Quetzalcoatylidae nebuchadnezzarus

翼展：8英呎（2.5公尺）

分布區域：美索不達米亞

特徵：蛇形的身體、明亮的紅色羽毛

棲息地：棕櫚樹叢、河邊的綠洲

食性：小型哺乳類動物、蜥蜴、昆蟲

其他俗名：巴比倫龍、鳩格米西龍（Gilgamesh，美索不達米亞神話中的英雄人物）

保護狀況：極危

英國噴火乘龍
鉛筆與數位繪圖
尺寸：14英吋 × 22英吋（36公分 × 56公分）

第十二章：乘龍

乘龍 DRAGONETTE
Draco volucrisidae

基本型態

再也沒有任何比英姿颯爽的龍騎士要更令人感到刺激浪漫的形象了。好幾個世紀以來，世界各地的人類文明培育出乘龍科中的各個品種，來協助完成各種不同的工作，包括了嬌小的信差龍和力量強大的軍事用品種。

乘龍是以兩除站立的龍族生物，有著強健的後腿和用於挖掘和築巢的小型前肢。牠們也擁有一對寬大的蝙蝠翅膀，能夠優雅且靈活地飛行。一般來說，乘龍站立時平均肩高為6英呎（2公尺）、身長12英呎（4公尺）、翼展則為20英呎（6公尺）。乘龍屬於群居的草食性動物，在智能上也沒有其他大型龍族生物那樣出色。牠們很早就被人類文明所馴化，如今在世界各地都十分常見。人類培育出數百種有著不同型態和大小的品種，來滿足各種工作需求。

乘龍的頭部
乘龍的一對大眼能夠讓牠們在吃草時有環視周遭情況的視野。短小的口鼻和牙齒特別適合用來咬斷和咀嚼青草。

乘龍的棲息地
乘龍的棲息地分布於澳洲的草原到美國西部的台地。牠們喜歡群聚在安全的岩石懸崖上，以利繁殖。

乘龍的下腹視角
乘龍身體下部的條紋顏色較淡，如此一來牠們在天空中才有更好的保護色，免於遭受如飛龍等掠食者的攻擊。

乘龍的蛋
大尺寸：10英吋（25公分）
小尺寸：1.5英吋（38公釐）
乘龍的蛋根據不同品種而有著變化極大的尺寸。

行為模式

乘龍有別於其他龍族綱中成員之處在於牠們是群居動物，一個群體往往能夠達到數千隻個體。乘龍高度社會化且生性溫馴，牠們通常在中美洲、東歐和澳洲的台地上築巢。一整群的乘龍會在季節轉換時進行長達數千英里的遷徙，前去尋找更豐富的食物來源和適合繁殖的場所。

歷史

在世界上幾乎所有區域都能夠見到不同品種的乘龍。雖然牠們的智力較低，也不像馬那樣容易訓練，但是依舊是十分稱職的工作動物，長久以來都被人類運用在運輸和軍事任務上。其中最著名的包括拿破崙的龍騎兵、英國皇家龍衛隊、德國龍兵團和美國乘龍快遞服務。許多軍事將領都運用乘龍來偵查戰場和傳遞信息。在第一次世界大戰之後，乘龍在軍事上的角色逐漸被飛機所取代，如今還大量飼養乘龍的只剩下養殖業者和龍族競速活動的參賽者。

乘龍的腳掌
乘龍腳掌的外型與鳥類相似，讓牠們能夠在開闊的平原上靈活地跑動。

乘龍群體的繁殖地
數以百計的乘龍群聚在原野上的高聳石崖。這樣的地勢能夠保護群體不受外敵的攻擊。

美洲阿帕盧薩龍
AMERICAN APPALOOSA DRAGONETTE

阿帕盧薩龍活躍於十九世紀的美洲邊界。美國騎警和乘龍快遞公司都運用牠們來探索美國西部。阿帕盧薩龍的體型適中，而且容易訓練，這使他們成為炙手可熱的動物幫手，不但能夠用於畜牧，還可以執行長途郵件包裹的寄送任務。鑑於如此廣泛的用途，美國陸軍也在十九世紀晚期成立了以阿帕盧薩龍為主的第103乘龍輕騎兵師，部署於密蘇拉堡（Fort Missoula）和蒙大拿。

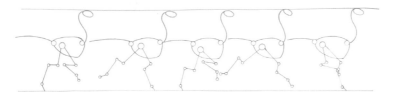

乘龍的動態
上方的架構草圖展現出乘龍運用強健的後腿進行跑動。其身體重心集中在膝蓋處。

品種資料
Volucrisidae chyennus

身長：12英呎（4公尺）
分布區域：美洲東北部
特徵：柔和的棕色、小型的頭部、尾巴末端的鰭
棲息地：有樹木的河流區域
食性：草食
其他俗名：斑馬龍、德拉威爾龍（Delaware，美國南部的一個州）
保護狀況：近危

傳令兵龍
COURIER DRAGONETTE

數個世紀以來，這種有著高速行動力的小型乘龍科品種一直被人類用於長途訊息傳輸。牠們在各種戰役中十分活躍，將指揮官的命令傳遞到部署在軍隊邊緣的單位。在美國獨立戰爭期間，殖民地軍隊高效率地運用原生的傳令兵龍來維持情報網路的運作。

品種資料
Volucrisidae zephyrri

身長：3英呎（1公尺）
分布區域：世界各地
特徵：嬌小的體型、明亮的紅色
棲息地：森林，同時也能夠適應更極端的環境
食性：草食
其他俗名：波紋龍、飛箭之翼
保護狀況：近危

信差龍
MESSENGER DRAGONETTE

信差龍和傳令兵龍相似，都是為了替人類長途投遞包裹或重要文件所培育出來的。信差龍被廣泛地運用於日本封建社會中，而隨著牠們和其他亞洲文化被引入美洲西海岸，信差龍也在加州的淘金潮時期扮演了重要的角色。信差龍時常受不同事物的吸引，牠們會收集那些被海浪沖到岸邊的船隻殘骸或雜物來裝飾自己的巢穴。

品種資料
Volucrisidae vector

身長：5英呎（1.5公尺）
分布區域：太平洋沿岸
特徵：嬌小的體型、直挺的站姿、蝙蝠般的耳朵
棲息地：海岸線、沙灘
食性：草食
其他俗名：海灘清道夫
保護狀況：無危

阿比西尼亞龍
ABYSSINIAN DRAGONETTE

　　美麗的阿比西尼亞龍是純種的阿拉伯乘龍品種，以速度和靈活著稱。在接受沙漠遊牧民族的馴化之後，阿比西尼亞龍成為了中東社會上層階級的地位象徵。由於獵捕的困難，被抓獲的阿比尼亞龍是罕見的珍品，能夠賣到極高的價錢。

品種資料

Volucrisidae equo

身長：12英呎（4公尺）

分布區域：中東、南亞

特徵：斑駁的白色身軀

棲息地：乾燥的高原地區

食性：草食

其他俗名：沙漠飛毛腿、伊蘭姆龍
（Iram，常見的穆斯林男子名）

保護狀況：極危

韋恩斯堡龍
WAYNESFORD DRAGONETTE

韋恩斯堡龍又被稱為拉車龍,是乘龍科中最吃苦耐勞的工作品種。數百年來韋恩斯堡龍都替人類長途運送包裹和物資。由於過度的抓捕,這種炙手可熱的工作龍在野外已經沒有任何原生的群體。雖然現在韋恩斯堡龍在各地都十分常見且受歡迎,但牠們都是早期在人類飼養環境中生活的個體後代。

品種資料
Volucrisidae gravis

身長:15英呎(5公尺)

分布區域:北半球

特徵:強壯結實的軀體、短小的脖子和尾巴、身體上溫暖的色調

棲息地:林地

食性:草食

其他俗名:拉車龍

保護狀況:野外滅絕

北美飛龍
鉛筆與數位繪圖
尺寸：14英吋 × 22英吋（36公分 × 56公分）

飛龍 WYVERN

Draco wyvernae

基本型態

　　飛龍科是目前龍族綱中最兇猛危險的成員之一，有時候被稱為龍族中的惡狼。

　　飛龍的平均身長和翼展都是30英呎（9公尺），牠們有著兩條後腿和一條帶尖刺的尾巴，末端長有毒針。牠的外皮有著強韌的厚重鱗甲，提供了充足的防護來對抗其他掠食者，甚至是其他更大型的龍族生物。雖然飛龍並不具備噴火的能力，牠依舊憑藉著尾巴的毒刺、強健的身體和滿布利牙的兇殘大口成為令人恐懼的生物。

行為模式

　　飛龍屬於群居動物，通常會組成至多十二頭龍的群體，佔有數百英里的地盤。成群結隊的狩獵行動提高

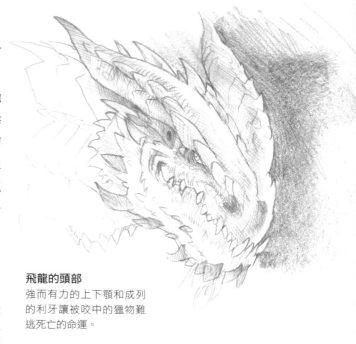

飛龍的頭部
強而有力的上下顎和成列的利牙讓被咬中的獵物難逃死亡的命運。

飛龍的棲息地
飛龍的棲息地遍及世界各地的高山區域。而亞洲飛龍在往西遷移之後，已經在阿爾卑斯山上絕跡。

飛龍的蛋
尺寸：12英吋（30公分）

通常母龍會一次產下六顆蛋，但是能夠存活到成年期的幼龍不到一半。

了獵殺的成功率，其獵物包括麋鹿、駝鹿、北美馴鹿和牠們最愛的乘龍。不同群體的飛龍也經常展開戰爭來奪取較佳的獵場。

在秋天的發情期間，雄性飛龍的翅膀會呈現繽紛變化的圖形來吸引異性。雄龍之間爭奪配偶的搏鬥十分激烈，時常導致一方的死亡。與其他居住在溫帶氣候區的龍族生物一樣，飛龍會在冬天食物稀少時進入冬眠的狀態。

歷史

在歷史上，大部分造成人類傷亡的龍族生物攻擊事件始作俑者都是飛龍科中的成員。根據以前的記載和藝術作品，許多人相信聖喬治所斬殺的惡龍是屬於飛龍科，而非一般認為的巨龍科。

原生於歐洲的飛龍在1870年代時滅絕。最後一個已知的個體隨著巴爾努姆（P. T. Barnum）的馬戲團在世界各處展示直到1898年。現在，這頭飛龍的標本收藏在芝加哥的自然史博物館中。包括亞洲飛龍在內的其他品種持續在世界各地繁衍，不過人類近年來的擴張和發展也逐漸威脅到了牠們的棲息地。

狩獵專家
飛龍能夠在大範圍的荒野中進行狩獵，對人類和家畜都會造成危險。

飛龍的腳印
在山區的獵場裡，飛龍的足跡隨處可見。如果你在登山時發現這樣的腳印，最好速速離去！

海生飛龍
SEA WYVERN

海生飛龍是飛龍科中唯一生活在
水域附近的品種。牠們通常會組成小
型的群體，聚集在水域附近的岩石地
形，以帶尖刺的尾巴獵捕水中的魚
類。雖然海生飛龍的尖刺和其他近親
一樣會分泌毒液，但是其毒性並不強
烈，因為牠的尾巴主要用於捕魚，而
非攻擊其他掠食者的武器。

亞洲飛龍
ASIAN WYVERN

人們時常將這個和飛龍科其他近親一樣危險的品種
與亞洲龍科中的成員互相混淆。亞洲飛龍運用如長鞭
般的尖刺尾巴攻擊獵物，這也是其學名中「劍尾」種
名的來源。亞洲飛龍會以尾巴在地盤邊緣的樹幹上標
示記號，宣示自己的領土。這些像被刀劍砍過的樹木
對於所有入侵者都是一個明顯的警告標誌。

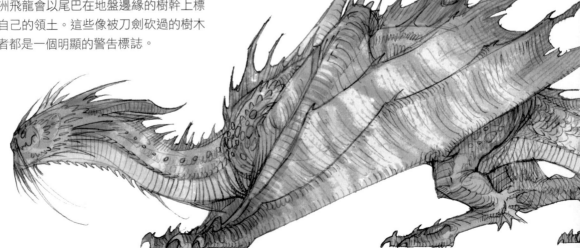

品種資料

Wyvernae pocnhmachus

身長：20英呎（6公尺）

分布區域：西亞、印度

特徵：長型的口鼻、藍色條紋、帶尖刺的尾巴

棲息地：河流、湖泊、海岸

食性：魚類

其他俗名：捕魚之王、尾釣者

保護狀況：瀕危

品種資料

Wyvernae jianwaibaii

身長：20英呎（6公尺）

分布區域：中亞、南亞

特徵：帶摺鰭的修長蛇形身體

棲息地：山中叢林

食性：肉食

其他俗名：劍尾龍、鎖鏈長鞭

保護狀況：易危

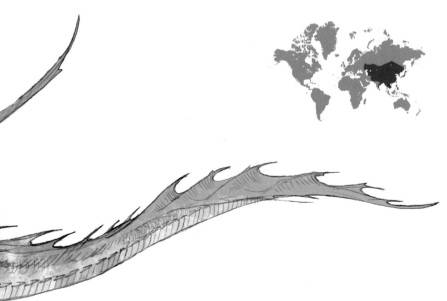

黃金飛龍
GOLDEN WYVERN

黃金飛龍主要生活在東亞和俄羅斯的偏遠山區，是飛龍科中較興盛的一個品種。

黃金飛龍碩大的釘頭槌尾巴是交配期驅趕情敵的主要武器。雄龍的尾巴比雌龍更為巨大，也能夠用於狩獵，尾巴上長有的毒刺能夠癱瘓獵物。

短小的口鼻和尖銳的牙齒則是有利於將獵物的肉從骨頭上撕扯下來。

品種資料
Wyvernae zolotokhvostus

身長：25英呎（8公尺）

分布區域：東亞、俄羅斯

特徵：金色和棕色的條紋、帶尖刺的釘頭錘尾巴

棲息地：山區

食性：肉食

其他俗名：金尾龍

保護狀況：近危

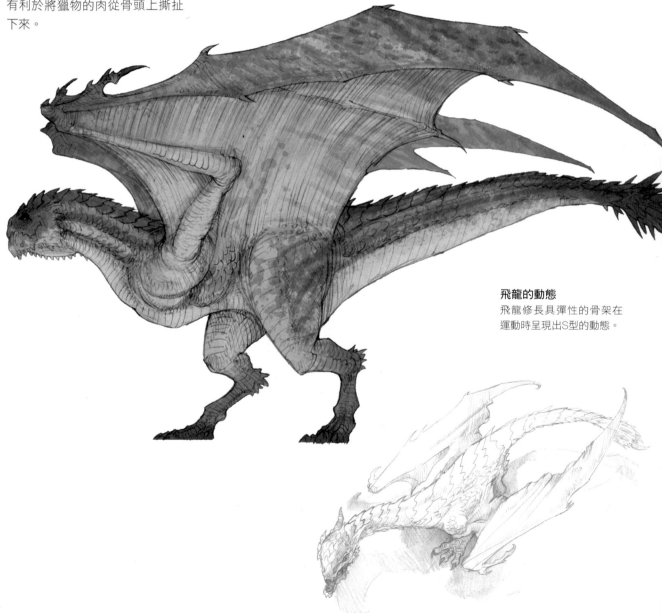

飛龍的動態
飛龍修長具彈性的骨架在運動時呈現出S型的動態。

北美飛龍
NORTH AMERICAN WYVERN

在初次被西部探險家在北美洲內陸被發現時，北美飛龍就證明了自己是一股不可忽視的力量。這些原生於洛磯山脈的飛龍時常威脅開墾者和西部平原上的農民。直到二十世紀，隨著主要獵物美洲野牛的逐漸消失，這種飛龍的數量才逐漸下降，讓旅客能夠更安全頻繁地往來此處。

品種資料
Wyvernae morcaudus

身長：30英呎（9公尺）
分布區域：北美洲山區
特徵：翅膀背面的圓形斑點、帶尖刺的尾巴
棲息地：高山區域
食性：肉食
其他俗名：龍中惡狼、死亡之尾
保護狀況：瀕危

飛龍的尾巴
飛龍的尾巴覆蓋著許多尖刺，能夠朝敵人發射。末端的毒刺則足以殺死一頭公牛。

獻詞

本書獻給所有透過《幻獸藝術誌》系列叢書的世界
而讓想像力更加奔放的讀者。

也獻給歐康納的家人、獻給莎曼莎和瑪德蓮,
願你們與龍族一同翱翔於穹蒼之中。

貢獻者

我們也要感謝所有為本書奉獻心力的人士:

黃金蛇龍的頭部,第15頁
Dan dos Santos
設計與著色

靈龍,第26頁
Samantha O'Connor
著色(由威廉·歐康納設計)

富士龍,第27頁
Pat Lewis
著色(由威廉·歐康納設計)

錘頭海怪,第34頁
Richard Thomas
著色(由威廉·歐康納設計)

摺鰭海怪,第35頁
David O. Miller
著色(由威廉·歐康納設計)

有翼小海怪,第36頁
Donato Giancola
設計與著色

條紋海怪,第37頁
Donato Giancola
設計與著色

紅海怪,第37頁
Jeff A. Menges
設計與著色

伊絲塔獸龍,第89頁
Jeremy McHugh
著色(由威廉·歐康納設計)

非洲條紋蛇龍,第130頁
Mark Poole
設計與著色

阿比西尼亞龍,第148頁
Christine Myshka
著色(由威廉·歐康納設計)

韋恩斯堡龍,第149頁
Scott Fischer
著色(由威廉·歐康納設計)

出　　　版／楓樹林出版事業有限公司
地　　　址／新北市板橋區信義路163巷3號10樓
郵 政 劃 撥／19907596　楓書坊文化出版社
網　　　址／www.maplebook.com.tw
電　　　話／02-2957-6096
傳　　　真／02-2957-6435
作　　　者／威廉·歐康納
翻　　　譯／陳岡伯
責 任 編 輯／王綺
內 文 排 版／謝政龍
港 澳 經 銷／泛華發行代理有限公司
定　　　價／380元
出 版 日 期／2020年1月

國家圖書館出版品預行編目資料

龍族設定百科 / 威廉·歐康納作；陳岡伯
翻譯. -- 初版. -- 新北市：楓樹林, 2020.01
　面；　公分

譯自：Dracopedia : field guide
ISBN　978-957-9501-53-8（平裝）

1. 爬蟲類化石　2. 通俗作品

359.574　　　　　　　　108019870

威廉·歐康納

威廉·歐康納是暢銷叢書系列《幻獸藝術誌》的作者，也是為各種遊藝和書籍繪製超過五千幅插畫的藝術家。在二十五年的藝術家生涯中，他與威世智（Wizards of the Coast）、IMPACT Books出版社、暴雪娛樂（Blizzard Entertainment）、斯特林出版社（Sterling Publishing）、盧卡斯影業（Lucasfilms）以及美國動視（Activision）等公司有過密切的合作。除此之外，他也以傑出的藝術創作贏得超過三十個業界獎項，包括十次的切斯利獎（Chesley Award）提名，並且十度參與《光譜：當代最佳奇幻藝術》（Spectrum: The Best in Contemporary Fantastic Art）叢書的製作。歐康納在全國各地授課和演講，傳授他獨特且多變的藝術技巧。他也定期在藝術部落格Muddy Colors上發表作品。另外，他的創作也出現在無數的業界展覽之中，包括Illuxcon畫展、紐約動漫展，以及桌遊展銷大會Gen Con。

若想探索更多關於威廉·歐康納的書籍和藝術作品，請造訪：
wocstudios.com

如果想要觀賞更多關於《幻獸藝術誌》系列的藝術作品和影片，請造訪以下的網站：

《幻獸藝術誌》的臉書粉絲頁：facebook.com/dracopedia
《幻獸藝術誌》製作計劃：dracopediaproject.blogspot.com
《幻獸藝術誌》的Youtube頻道：youtube.com/user/wocstudios1

單位換算表

1 英吋 = 2.54 公分	1 公分 = 0.03 英呎
1 公分 = 0.4 英吋	1 碼 = 0.9 公尺
1 英呎 = 30.5 公分	1 公尺 = 1.1 碼

定價350元

定價350元

定價350元

幻獸藝術誌

──奇幻生物創作＆設計＋龍族創作指南＋龍族百科──

重現傳說中的古代幻獸

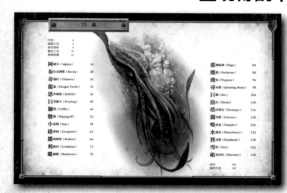

★細數中世紀以來奇異生物的歷史起源★

想畫出神話故事裡的神獸，必須先了解人類自古以來對牠們多采多姿的想像。

在過去的一千年之中，歷史學家、藝術家和科學家，都曾編纂了記載描述各種神話奇幻生物的百科全書，

本書詳述各種奇幻生物在歷史上的文化形象，是創意萌芽的搖籃。